美食拼图®
meishipintu.com

《南京味道》编委会　编著

南京味道

Nanjing W

南京出版传媒集团
南京出版社

图书在版编目（CIP）数据

南京味道／《南京味道》编委会编著. —— 南京:
南京出版社，2014.10
ISBN 978-7-5533-0705-3

Ⅰ.①南…　Ⅱ.①南…　Ⅲ.①饮食－文化－南京市
Ⅳ.①TS971

中国版本图书馆CIP数据核字（2014）第227865号

编 委 会

主　　任　朱同芳
主　　编　卢海鸣
副 主 编　樊立文　李　祥
编　　委　庄　园　李书婷　吴新婷
　　　　　（按姓氏笔画排序）
摄　　影　殷　明　任　禾　裴　宁

书　　名：南京味道
编　　著：《南京味道》编委会
出版发行：南京出版传媒集团
　　　　　南 京 出 版 社
　　社址：南京市太平门街53号　　邮编：210016
　　网址：http://www.njcbs.com　　淘宝网店：http://njpress.taobao.com
　　电子信箱：njcbs1988@163.com
　　联系电话：83283871、83283864（营销）　83112257（编务）

出 版 人：朱同芳
责任编辑：吴新婷
特约编辑：庄　园
装帧设计：王　俊
责任印制：杨福彬

排　　版：南京新华丰制版有限公司
印　　刷：南京玉河印刷厂
开　　本：787毫米×1092毫米　1/16
印　　张：11
字　　数：172千字
版　　次：2014年10月第1版
印　　次：2014年10月第1次印刷
书　　号：ISBN 978-7-5533-0705-3
定　　价：38.00元

上架建议：美食　旅游

编者的话

南京是座古城，逶迤带绿水，迢递起朱楼。街角路旁，通衢深巷都无一例外地藏匿着最最传统而地道的金陵老味道。南京是座包容的城市，以博大胸怀接纳四方宾朋的同时，也将全国乃至世界的美味兼收并蓄。

身为"吃货"，生在南京是幸运的。无论你喜欢的是带着老南京印记的本土风味，还是漂洋过海而来的异域美食，抑或是充满浓情蜜意的咖啡甜品，在南京，你都能找到你心之所属的那盘"菜"。

南京人爱吃，也懂吃。否则，也不会有无数"吃货"宁愿牺牲清晨的睡眠时间，早早出门，大排长龙，只为食得一份南京"限量版"早餐；也不会有商务人士愿意把宝贵的时间"浪费"在无止境的排队中，站到双腿酸软，只为重新回味一次他心心念念的儿时味道；更不会有肤白貌美的南京美女，虽然万分在意自己的身材，却又一次又一次地忍不住将咖啡甜品送入口中，只愿不辜负这难得的甜蜜与美好。

"人生就是由味道组成的日子。"作家荆方曾这样总结人生的真相。那些被舌尖浸染过的滚滚红尘，终将变成留在碗底的一汪汤汁，人生中的喜怒哀乐也终将化成萦绕心头的一种味道。

作为"吃货"，食物的美妙味感值得玩味，那些与食物相关的情感与记忆也随着吃进肚中的美味被一同写进人生手札中，历久弥新。做这样一本书，不仅是为了记录舌尖上的酸甜苦辣，让拿到书的你们知晓何处为觅食绝佳之地，更是为了不忘与美食初次相遇的怦然心动。对于美食，我们始终应该保留赤子之心。

书中收录46家特色餐厅，46种南京味道，记录着几十位"吃货"的美味表白，诉说他们与美食的不解之缘。在他们眼中，南京味道有着千姿百态的模样。是城南街巷一声声叫唤的糖芋苗，是柴火气味十足的辣油小馄饨，是遍布各居民区的盐水鸭店，是夫子庙特有的凉粉味道，是半坡村一杯浓醇的咖啡，是糕团店内青团的软糯与清香，是金陵书苑书香伴随的茶香……

书中的主角，多半是80后和90后，对食物世界的好奇心正处于最最旺盛的阶段，他们不断尝试、探寻，只为找到最能打动味蕾的真滋味。当然，其中也不乏一些已颇有些人生历练的70后，早已有了近三十年的"吃货"生涯。对于食物，他们有着更加独到的见解；关于经典，他们更加有发言权。我们的摄影师提着长枪短炮走过大街小巷，在食客来来往往的餐厅里随时准备按动快门，只为能更加真实地用光影记录美食相关的一切，让翻开书的看官觉得美味伸手可触，而非遥不可及。

我们也邀请您阅读同时打开手机，扫一扫书中的二维码，通过美食拼图手机客户端，体验餐厅地图导航、手机点菜、预订支付的快捷移动应用服务。

谨以此书献给生在南京、来过南京以及热爱南京的"吃货"们。舌尖上的幸福，美食里的浓情蜜意。只愿打开这本书的人，体验到真正的南京味道。美食与南京，望彼此都不辜负。

本书编委会

序

打开同一本书，感受不同的南京味道。

人生第一次，为一本书作序。在您翻开本书扉页的时候，我仍然只是一个伪吃货，真肚皮。然而，在过去的一年里，伴随《南京味道》编创团队，还有一群热心的吃货朋友，遍历金陵街巷，寻找美味，追逐梦想。如今回首，我的人生仿佛定格在那南京味道浸染的时光。

记忆中，书写味道绝非雕虫小技。书架上从来不乏食评范本、寻店指南。可是，如何凭吃喝理解一座城市，怎样借味道承载一段记忆？我想，在这个充满个性和梦想的移动互联网时代，一本书、一个人的味道体验，即使是再高端的作者，用再华丽的辞藻，也很难达到一人推荐、众人皆醉的美食境界。移动互联网正在改变着我们的生活，也让我这样一个移动互联网人和几十位民间吃货可以一同将自己的美食体验印刷成铅字，与君分享。一年多来，我们用代码和键盘，在微博、微信、手机客户端上传递着点点滴滴美食里的甜蜜、舌尖上的幸福，但求不同的味道飘向同一个梦想。

这是一个最好的时代，我们相信有梦想的人生一定有好味道。源于这样一个梦想，我们决定要用互联网思维出版一本崭新的美食书，那就是——去中心化、跨界和众筹。全书的编撰人员没有一位传统意义上的职业美食作家，只有"大家"。几十位吃货背景各异，我们期冀跨界分享南京味道，这座城市也将因此更加鲜活。

同时，本书编委会由南京出版社图书出版专业人士和美食拼图团队的移动互联网新锐跨界组成，这种融合也是我们梦想的支点，新生之喜悦如同飘香之美味，等待您一同品尝……

李祥　美食拼图创始人兼CEO

2014年秋

目 录

心灵食堂

甜蜜时光

本土味道

南京大牌档
——地道老南京的回忆

推荐人：周雪城（南京大学）

☆ 推荐词：如果你想寻找地道的老南京的味道，那来这里肯定没错；如果你想在老味道的基础上追求新鲜的感觉，那来这里也不会让你失望。

☆ 餐厅简介：专做改良南京菜的餐厅，非常火爆，每到饭点总得排起长长的队，已经发展到了北京等其他城市，把南京传统美食发扬光大。

如果你是一个地道的老南京，那你一定还有着关于老南京味道的渺远记忆。那是小的时候，每个十里桂花香的秋天，天高日长，翘首于街头巷尾，只待身着长衫头戴瓜皮帽的大爷挑着装满桂花糖芋苗的担子叫卖着走过。这时便央求着母亲拿出些闲钱，带着小碗，去舀上一碗软糯甜腻的糖芋苗。老伯手法纯熟，每次都能把碗装到满而不溢，舔上一口，唇齿留香。

岁月如水，涓涓细流，带走了这些街头巷尾的叫卖。而这些美食，在流传的过程中不断被改良，却从未消失。

这篇文章的主角——南京大牌档，就是一个改良南京菜的典范，即所谓的"风情江南菜，留住老味道"。1994年，新街口洪武路上，第一家南京大排档（2000年因注册需要而更名为南

本土味道

京大牌档）正式开张，因为浓郁的民族特色和纯正的南京风味，一经开业便广受欢迎，一时间南京餐饮业无出其右。如今20年倏忽而过，老南京风味的餐厅百花齐放，而大牌档这块金字招牌不但没有没落，反而通过不断改良菜品，一路高歌猛进，如今已经有了八家分店。

走进每家大牌档的木制大门，都会有一个笑容可掬的古装堂倌前来迎客，吆喝一句"三阳开泰！三位客官里面请"，便被请入店中。店中装修大有清末民国时期酒肆饭庄的风格，灰砖木窗随处可见，楹联纸灯点缀其中。座位是长木凳和八仙桌，气质典雅，极其回归传统，再加上头上挂着的昏黄的灯笼，直让人穿越回那个过去不曾到过的时代。

有一次在德基的大牌档吃饭，正巧坐在前面，又正巧赶上当晚的评弹演出。台上两位，身着长袍，站立如松，一开口轻声细语，咿咿呀呀，好不自在。柔软的吴侬软语伴着三弦和琵琶的演奏被唱者娓娓道来，伴着这昏黄的灯光和楹联轩榭，不禁有恍如隔世之感。

在这恍惚的意境中，品味南京美食，自是一种难得的享受。大牌档的招牌菜之一，便是上文提到过的地道的南京小食——古法糖芋苗，许多老南京在品味这道甜品时找回了过去的亲切感。按照服务员的介绍，这道糖芋苗是完全遵从了古老的做法，首先将得益于冷冻技术而能四季享用的芋苗煮熟剥皮，加上店里特质的桂花糖浆共同熬制，在将熟未熟的时候加入适量的冰糖和藕粉，藕粉用以增加粘稠度，冰糖增甜。熬制出来的芋苗表面光亮剔透，味道酥软甜腻。汤汁呈现浓稠的暗红色，喝下一勺，香甜爽口，久久留香。相似的甜点还有酒酿赤豆元宵，亦是南京流传甚广的小食。这道甜点除了香甜软糯以外还有淡淡的酒香，酒不醉人人自醉，妙不可言。

大牌档的清蒸狮子头也是一绝。狮子头是地道的淮扬风味，有的地方称之为四喜丸子，可想而知每个应该不是太大。而大牌档的狮子头硕大无比，一个圆滚滚的狮子头就是一道菜，白色的肉球配以油绿的菜叶，色彩鲜艳，

香味夺人。据说为了使肉团充足入味，足足用文火慢炖了六个小时，这样浸入的鲜味可见一斑。勺子一搭上肉团立马感到微微的弹性，用力一挖又极为顺滑。送入口中，肉质入口即化，肥而不腻，几人分食再合适不过。

其实说到南京的美食，最应该提到的是鸭。大牌档中和鸭相关的菜不下十种，其中最让我感到惊艳的倒不是赫赫有名的盐水鸭，而是他家的天王烤鸭包。烤鸭自不必说，小笼汤包也是很有代表性的江南美食，梁实秋先生在《雅舍谈吃》中写道，取食汤包的时候，"抓住包子的褶皱猛然提起，包子皮骤然下坠，像是被婴儿吮吸瘪了的乳房一样"。而将这两种美食合二为一也算是大牌档的一大创举。内含烤鸭卤汁的汤包，鸭肉饱满而汤汁浓厚，味道新奇，不只是两道菜的简单叠加，因此也荣登了中华名小吃的榜单。

另外，还有一道王府泡椒鸡令人甚是惊喜。原本以为是一道地道的辣

菜，入口后发现，鸡经过煎炸处理，味道很酥，而且融入了江浙特色。整道菜竟能吃出酸、甜、辣至少三种味道，让人难忘。

总之，在这样一家仿佛置身清末民初的隔世之地品味一次真正的老南京风味总是让人愉悦的。正如坊间所言，谈笑间盘空杯尽，酣畅淋漓，实则人生之极乐也。齐曰："雅俗共赏，本味民俗，乃'大牌档'也。"

地址：南京市鼓楼区湖南路狮子桥2号湖南路步行街内
83305777
南京市秦淮区中山路18号德基广场
购物中心一期7楼　84722777
南京市玄武中山陵陵园路2号　52335777
南京市秦淮区大石坝街48号　68216777
南京市鼓楼区中央路201号南京国际广场7楼　83585777
南京市秦淮区建康路3号水平方6楼　68176777
南京市鼓楼区草场门大街96号中青大厦1楼　86218777

莲湖糕团店
——秦淮印象

推荐人：陈梦媛（南京大学）

☆ 推荐词：门脸不起眼的一家小店，装修风格也是极简的，但是却吸引了很多人慕名而来，老字号的店值得推荐。

☆ 餐厅简介：千层糕、卷心糕、如意糕、青米糕、马蹄糕、豆沙米糕……听起来就很诱人，香糯可口的糕团是收买女孩的最佳选择。

　　第一次听到秦淮河这三个字，是小学时读朱自清先生的《桨声灯影里的秦淮河》。那时候心中的秦淮河，该是一个极近热闹繁华之处，该是文人墨客留恋之地。等大了一点，发现文章里大多是先生的浪漫想象，本是才华横溢的人，才看得到这繁复的美。

　　我几次去秦淮河，都是在夫子庙。于是夫子庙、秦淮河，在我的心里便是一体的了。

　　看过几次灯会时的人山人海，也看过旅游淡季时的清冷娴静。在南京呆了几年，关于六朝金粉地的想象慢慢收藏到心底，看得更加真切的，是实实在在的南京城、南京人。

　　夫子庙附近有许多折扣店，是女孩们爱逛的；夫子庙里有许多小吃，也是讨女孩儿芳心的。于是时常看到一对对情侣或是闺蜜，结伴走在这里。说到小吃，则不得不提莲湖糕团店。

　　我来莲湖，是慕名而来。听说了

它家老字号的名气，便寻着地图找过来。地方不难找，就在贡院西街，问着人也能到。两间门面，在大大小小的店铺之间，并不起眼。里面装修简单，一派国营风味。买糕团在一个窗口，买锅贴在另一个窗口，其余则是付了钱凭着票去操作间窗口取。

一定要吃的是赤豆元宵，爱甜食的人不可错过。浓、香、甜，却不腻。我喜欢吃这个，有一部分原因源于我是扬州人，扬州宝应盛产莲藕，于是从小到大吃惯了藕粉。这里的赤豆元宵，让我想到了桂花藕粉的滋味，便当是解一下乡愁。南京有许多地方做赤豆元宵，不同的地方，味道也不一样，而这一家，足够特别。和赤豆元宵类似的，还有糖芋苗，也值得一试。千层糕、卷心糕、如意糕、青米糕、马蹄糕、豆沙米糕……听起来就很诱人。糕团也是卖的不错的产品，被做成不同形状的糕团，软糯可口，最好是买了就吃，时间久了容易干掉。

刚来夫子庙，是看景点；以后再来，有时是办事路过，并不因着要看那条有名的河，也并不赶着人群热闹。夫子庙这个特别的词，逐渐也就是地铁上的一个站名；秦淮河，也便是穿过城市的一条河流。

　　初来南京，爱上的或是民国风情，或是金陵旧梦，呆久了，爱上的就又是另一番滋味。可以是带着脏字儿却无恶意的南京话，可以是热闹实在的南京人，也可以是开了许久还是红火的老店。是从对这个城市的想象，变成了对这里生活的热爱。

　　莲湖的味道很甜，却也很淡。倚在歌声人语情思无限的秦淮河边，却如此简单朴素。

　　倒也应了那句，淡中出真味。

地址：**南京市秦淮区贡院西街18号**
电话：**52251232**

风波庄
——剪不断的侠骨柔情

推荐人：李书婷（美食达人）

☆ 推荐词：风波庄，圆你一个武侠梦。

☆ 餐厅简介：南京武侠主题餐厅，有多家分店。适合朋友休闲聚会，是初来南京的游客最值得去的特色餐厅。

"几位大侠里边儿请！""各位大侠，近来江湖险恶，妖孽横生，来喝杯功夫茶，好打通经脉。""丐帮有请庄主华山论剑！"

别以为我在看武侠剧，我是来吃饭的。对，你没听错，小二口中的那位"大侠"正是在下。看惯了金庸笔下的侠骨柔情，如今，我也来过一把大侠瘾。

提到南京城的特色餐厅，风波庄绝对可以位列前三甲。且不说那极具武侠主题的店内布景，单单这个名字，就足以把人带到那个血雨腥风、帮门别立的江湖。而来到这里的顾客，正是主宰江湖的主人，帮派的掌门人。厌倦

了四处漂泊，看透了爱恨情仇，人在江湖，总是身不由己。于是就暂且放下那把陪你走过无数杀场的剑，来到这个武林同盟的风波庄休憩。

这里的每个店小二都有一副好嗓门，衣服后面都印着一个"武"字。这里的一切似乎也都难逃一个"武"字。厨房是武林禁地，洗手间叫做老虎门，调羹是小李飞刀，筷子叫双节棍，牙签是梅花镖。吃饭叫练功，结账只收大洋。看到你衣衫褴褛地进门，门口的小二便会喊："丐帮有客到！"里面的小二会答："好勒！"这一句"好勒"不要紧，你却摇身一变成了丐帮帮主！若是坐在"少林寺"就可以听见"武林禁地"传来一声："少林寺的红烧猪手咯！"这边马上有人回应："好！"可见来"风波庄"用膳的和尚们都是酒肉穿肠过，佛祖心中留。这里没有舒适的沙发桌椅，摆放的都是长条凳子，木质圆桌。武林中人只在乎酒足饭饱，哪讲究这些。不一会店小二就拎着茶壶过来，向各位大侠嘘寒问暖："这是我们上好的功夫茶，喝了以后功力至少恢复五成！"

这里没有菜单，也不会有人让你点菜。小二会根据顾客的食量与喜好来上菜。这里的菜色十分引人注目。风波庄有道必练项目"大力丸"——徽

州丸子，每人一个，多了没有。这也是每位大侠来店的第一道菜。只听小二喊道："本庄特色，大力丸，各位客官先练练内功，一个会增加十年功力！"随后，一锅新鲜出炉的米白色圆形团子便摆了上来。这里的菜不喜欢可以退掉，不过不吃完，是绝对不可以再点的，即使是强烈要求，小二也会说："大侠，功夫还没练完，多了会走火入魔！"风波庄不得不提的招牌菜很多，如：黯然消魂饭：香喷喷，白嫩嫩，吃一口就会幸福得冒泡泡……据说吃完此饭的人都无不想回头再来蹭饭，可见因爱情而诞生的美食，其力量是无穷的。九阴白骨爪：其实就是普通的凤爪，不过被渲染得有点阴森恐怖，导致侠客们因忌讳梅超风，好久都不敢下筷子。一阳指：说白了就是面条……对于这个称呼真的很晕，大理段氏的一阳指啊，百年之后未得传人，就这样给"面"了。呜呼哀哉！玉女心经：一道野菜，市面上买不到的一道野菜，自然的酸甜味，常练可美容养颜，长生不老！

酒足饭饱，问："小二，能不能打包？"小二："客官行走江湖，江湖险恶，客官带包裹上路多有不便，还请练完功再启程！"

　　临走前我向小二索要名片，想留个联系电话以后好预定位子，小二答道："大侠是要英雄帖是吗？好的，欢迎天下英雄来此华山论剑！"

　　临走的时候，所有的小二都会一起来送客，并说："青山不改，绿水常流，后会有期，恕不远送。"

　　来过风波庄，方敢言江湖！

地址：湖南路店南京市鼓楼区湖南路平安里61号

　　　　江宁店南京市江宁区上元大街瑶池巷2号

　　　　华侨路店南京市秦淮区华侨路25号

　　　　汉中门店南京市鼓楼区城西干道虎踞路15号

　　　　羊皮巷店南京市秦淮区新街口金銮巷2-2号

　　　　瑞金路店南京市秦淮区瑞金路25号乐行天下院内

电话：83263266　51191477　84716688

　　　　86792977　86642977　84603779

酸汤锅
——紫金山的风

推荐人：叶子诚（南京农业大学）

☆ 推荐词：南京林业大学学子发起的创业品牌，浓缩创业道路上的激情和心意，将用青春和理想熬成的鲜香酸汤献给这座城市里每一个怀揣梦想前行的人。

☆ 餐厅简介：主打酸汤锅底的店铺，以酸爽鲜辣给南京市的吃货一个新的不可错过的选择。

　　一次连续数天晚上加班，下班回学校时已近十点，可我腹内空空，两腿酸软，勉力出站，便已无力再行，只得先在外面寻得一些食物好捱过此关。出得扶梯，见到一间店面出处赫然摆放两个花篮并数条横幅，细看原是新开了一家店叫酸汤锅。本来我在地铁上时便想好去哪家店，怎奈我体力不支，只好赶紧钻入这新店中，在菜单上胡乱点了一个酸汤肥牛锅，便催促老板速速下锅端来。不一会儿，老板便将一口小锅端上来，我闻得这酸涩的气味，不由一怔，随即精神大振，便要大快朵颐一番。

先是细嘬几口汤。这汤的味道，主要是鲜中带了点酸味。两千年前曹操会使"望梅止渴"令士兵生津止渴，而这酸汤锅的酸气与酸味同样使我全身不由一紧，舌根为之一收，而后口水直流。酸汤配上豆芽、粉条、金针菇等素食材，竟有几分四川泡菜的样子。而若是将粉条、豆芽等物和着表面的汤汁一股脑儿吸进嘴中，也颇有汪曾祺在《五味》中写"呼呼地便下去三碗"时的畅快感。

砸吧砸吧嘴，又品出汤中的些许辣味。这辣倒不是川菜的花椒、湘菜的辣椒那般的辣。酸汤锅的辣味有点尖椒的酸辣味，是那种叫人舒缓恣意，如春水慢慢浸入四肢血脉的暖流，缓缓游走，令整个身体都逐渐温暖起来。这是一次完完全全不同的舌尖体验，一扫过量糖分郁结在味蕾上的甜腻，仿佛漫步在下午四点的中山东路上，沐浴从二球悬铃木叶间斑驳的阳光；又好像在穿行紫金山的山间，偶尔回首林中的鸟鸣。

于是我便留心了这家店。这家酸汤锅店位于地铁2号线下马坊站边君临紫金商业街的一排门面中，交通还算便利。从实习的公司回来，经常前去坐一会儿，对着橱窗看看同样形色忙碌的人群，兼填饱个肚子。

"哟，今天又来了？这回要吃啥？"

"嗯，这回吃酸汤牛柳吧！"

地址：南京市玄武区君临紫金商业街3栋120号
（肯德基旁）
电话：18651889194　13951089404

江边城外烤全鱼
——给味蕾一次酣畅淋漓的游曳

推荐人：龚璐（南京农业大学）

☆ 推荐词：细腻的肉质是鱼软肋，酥脆的烤皮是鱼铠甲，徜徉在鲜香与麻辣之间的海阔天空，给味蕾一次酣畅淋漓的游曳。

☆ 餐厅简介：不远也不近，是新街口与江边城外的联姻；不离也不弃，是烤鱼与吃货们的约定。艾尚天地4楼江边城外烤全鱼，给你的不只是美味，更让你在香辣酸爽中体会到大自然的原始魅力，给在城市中疲惫不堪的身心一次顺流而下的自在旅程。

阳光穿透鄂西山涧的水面，在玄青色的石块上折射出七彩的光芒。光芒顺着清澈的洞泉水流淌，汇聚成隔江岩水库的粼粼波纹。清江鱼，是造物主赐给人类的完美礼物，淡水鱼中的驭波仙子。当晶莹的渔网包裹着欢跳的清江鱼顿出水面，人们的笑声从遥远的山间谷里一直传递到大城市的餐桌旁——这是一道热气腾腾、五颜六色的佳肴。

烤全鱼，鱼类食材最原始也最讲究的制作工艺。在保留鱼肉细嫩柔滑的同时，增加了鱼皮的立体感和酥脆感。剁椒，湘潭菜系的精髓所在。传统做法是将剁碎的红椒用酒润湿，平铺于食材之上同蒸，红椒的香辣在酒精的催化下与食材的本味融合，提增了味蕾的感官享

受。剁椒与烤全鱼就好比鹊桥两端的牛郎织女，彼此相望、却难相见。酒精催化下的剁椒抵消了烤鱼皮的空间口感，宛若一条自在而骄傲的白甲失去了泅凫的方向。

在江边城外，你或许会寻找到属于辣与鲜的那一夜七夕。

正如《舌尖上的中国》所言，在吃的法则里，风味重于一切。智慧的中国人从来不会放弃将两种美好在同一种食物中呈现，剁椒与烤全鱼的碰撞，江边城外给出了令人赞叹的答案。首先，将清江鱼洗净去鳞，自唇至尾于腹部剖开并摊平，烤制中的佐料巧妙地浸润内侧的肉质，完整保存了鱼肉的鲜香嫩滑；然后，以大油为媒介焙去红椒中的水分，添加花椒、茴香等提增辛麻的香料，消除了传统剁椒工艺水厚的弊端；最后，将干亮的红椒铺于烤鱼之上，水润的鱼肉、香酥的鱼皮、红艳的剁椒，如神创造天地般层次分明。

用竹筷挑开一片鱼肉，白丝、金汤、红椒，穹宇间最激情而热烈的颜色都汇聚在这一盘散发着悠悠热气的烤全鱼里。一花一世界，一叶一菩

提。一道色香味俱全的烤全鱼，又何尝不是对完美人生的注解。当你在快速变革的城市中麻木前行，在喧嚣纷繁的人世间朦胧远眺，在与日俱增的压力下勉力支撑，停下来看看江边城外，是否有你追寻理想的初衷。这一道用尽心思和技艺的菜肴，展现了中国人对食材的偏执、对人生的偏执、对梦想的偏执。

为迎合大众丰富的需求，江边城外的烤全鱼也推出了豆豉、怪味、椒香等多种口味。但那层次分明、炉火纯青的手艺，在香辣味中最为突出、最为干脆，如果你能吃一点辣，便可将味蕾放心地交予它。烤鱼搭配了多种辅料垫底，不论是宽粉、年糕，还是腐竹、土豆，吸收满汤汁的鲜香味道令人忘情，许久后回味起来，仍能体会到这份直接而浓郁的感受弥留在唇齿间，刻骨铭心。

所谓"无凉不食辣"，完美的辣食最需要清凉的饮品爽口。青桔饮、冰激凌、刨冰昔、水果饴，当额头上布满细密的汗珠，呼吸也变得急促，一口冰凉的饮料能够唤醒那被清江美杜莎石化的灵魂，重新开启满满的吃货血槽。虽然在江边城外，冷盘、鲜蔬、小食都不过是烤全鱼的气氛烘托，但当舌尖被鱼香包裹缠绕，一截碧绿的蒿草便让人沐浴在江风中，仿佛能闻到浪打矶石、卷起千堆雪的味道。

一时江上百余帆，清江何日送鱼还。在南京出生、长大的我，记忆中的长江早已是江船穿梭、汽笛轰鸣的热闹模样，微暗的江水包裹着泥沙被往来船只的涡轮搅打出细密的泡沫。清江、清江，恐怕城外江边也再看不到了吧。美好的食材再也不来自你我身边，收获的笑声在城市里再也听不见，当我们把目光投向更加原生态的内陆，那里欢跳的鱼儿还能欢跳到几时呢？只愿百十年后，江边城外不只是艾尚天地里的那一家烤鱼店。

项记面馆
——热腾腾的的生活从一碗面开始

推荐人：凭栏独饮来（来自北方的南方人）

☆ 推荐词：一碗热腾腾的面，生活的红火如此；一缕缕柔滑的丝，生活的细腻如此；一碟口味独特的配菜，生活的五味杂陈如此。

☆ 餐厅简介：餐厅有个别名叫皮肚面，是见店家的皮肚味道卓绝。每一根面条都是手擀而成，其劲道恰到好处，口感极佳。一碗面端上来热气腾腾，被辣油染得火红的面汤让人口内生津。

作为一个北方人，我极爱吃面——简单却又味道十足的食物。面有很多种类，按成形的方法分有：刀削面、拉面、手擀面等。按地域分有：有陕西的担担面、四川的燃面、北京的炸酱面、新疆的拉面等。此外，还有焖面、炒面、长寿面、夹心面等数不胜数。

我个人对面食虽然不甚了解，但是凭借着这些年来吃面的经历，也勉强说得上是对面食的口味有所见地。我常与同事们说，吃面一定要在华北，吃米便须去华南，喝酒一定得在西南，吃肉不能不去内蒙。然而，今年五一节去南京旅游时候的一次吃面经历却让我对自己的看法有所动摇。在这以"鱼米之乡"著称的长江中下游平原地区，竟也有能将面食做得如此好吃的地方。

项记的位置不太好找，而且店面也不大，虽然如此，每天还是有很多人慕名而来。项记以皮肚面著称，但是项记的面却远胜过它的皮肚。项记纯手工的面质

感非常好，充分发挥出了面的弹性，吃到嘴里仿佛根本不是面，而是一根根美味的橡皮筋，口感劲道，入口顺滑。我第一次去的时候正好是午餐高峰期，店里坐满了人，等了大概10分钟才有位置坐。店面

空间太小，生意又非常火爆，所以从点餐到取餐都需要自己动手。第一次当然要点主打的"皮肚腰花面"，可选辣或者不辣，于是就选了微辣。在座位上稍待10分钟，一碗热腾腾的面就上桌了。分量很足，这在南方的餐厅中并不常见，至少是一般上海面馆分量的3倍左右，木耳、腰花和皮肚等配菜给的量也很多。品味之后，发现原来所谓的皮肚是用猪肉皮做的，汤底味道咸鲜，面方口且有弹性。皮肚里吸满了汤汁，各种辅料都很入味。虽是微辣，却已经达到了正宗四川麻辣烫的微辣程度，很够味。

第二天特地11点就赶到了这家店，这次人还不多，可以挑位置坐，点的是微辣的"皮肚猪肝面"，味道亦佳，吃完时店里又满座了。

吃到项记的面对于我这样一个非常爱吃面的北方人而言，就像是在异乡遇到了自己小时候暗恋的邻家姐姐一样，项记的面能让人既感受到火辣辣的热情，又能体会出面本身的淳厚的质感。吃到嘴里给人无限的遐想，下次来南京，一定要再来吃上一碗热腾腾的皮肚面。

地址：南京市秦淮区明瓦廊陆家巷13号
（近三元巷）
电话：13337702227

醉东坡
——平凡而不平庸

推荐人：小笼包（南京艺术学院）

☆ 推荐词：醉在东坡，爱在南京。

☆ 餐厅简介：江浙菜为主，菜量充足。特色菜有东坡肉，口水鸡，酸汤
小肥牛，大白菜牛肉粉丝等。

醉东坡，藏着很多故事。有你，有我，有他……

或许这家餐厅，就是因为老板当初收留了一个醉倒在东面坡的少年，第
二天称赞了他的厨艺比食堂的大师傅好了好多好多倍，所以他才决定开餐馆
"拯救"附近学校的孩子。

这家餐馆，空间不大，暖暖的灯光，七八张小方桌及一个大圆桌。店面
也不起眼，却每每座无虚席。这里来的主要猎食者是南京农业大学的学生及
周边居民。

　　醉东坡有很好吃的东坡肉。大块五花肉肥而不腻，外面那层猪皮更是爽口细腻，最好还是肥瘦相配一起吃，那才能体验到在味蕾绽放的精彩瞬间，那甜味儿在心里漾开，瘦肉也很是松软。

这边都是家常菜，味道说不上特别赞，但很有淮扬当地的口味。出没在这儿的更多是南农的学生，有稚气未脱的大一学生，略显成熟的大二，懵懵懂懂的大三，忐忑激动的大四，都是在口耳相传中来到这家温暖热闹的小店。临近毕业了，又会有一个个大四的在这儿谈笑、沉默、哭泣、醉倒。

虽然醉东坡做着普通的家常菜，但是却有着一群不甘平庸的人来往于这家平凡之屋。山不在高，有仙则灵；水不在深，有龙则灵。

醉东坡，在这儿能看到当初你的身影，感受到年轻，感受到斗志和无惧，不甘平庸。醉东坡，东坡醉。世界因你而精彩。

地址： 南京市玄武区中山门大街
卫岗下坡处（南农大北门附近）

电话： 84867198

70后饭吧
——品尝岁月的味道

推荐人：微雨独行（大学教师）

☆ 推荐词：70后的人生就像山水画一样，宁静的天空中刻画出年代的纯真，70后忙碌的身影代表着属于我们这代人的奋斗、追潮、执着……

☆ 餐厅简介：餐厅环境不错，复古风格的装修，很有70年代的味道。内部灯光幽暗，更给人增添了许多神秘感，正如70后大叔一样有味道。

　　可能同一个年代出生的人，经历都差不多，相同的社会背景不可避免地带给他们很多相同的感触、想法。对我们这些出生在70年代的人来说，童年的记忆里，大家都会对"可爱的蓝精灵"、"美丽的花仙子"、"神笔马良"、"聪明的一休"等动画片记忆犹新。当然，还有雷锋叔叔和黄继光、董存瑞等电影里的战斗英雄。

　　小时候的记忆大都是比较模糊的，相对真实的往往并不是什么好事情，但是对于生活中的味道却总是能够记忆犹新。记得小时候，最难忘的就是油炸馒头片蘸白糖或者芝麻的味道了。白糖和芝麻当时都是按月定量供应的，要是没有副食本，有钱也买不到。当时父亲总是将好吃的东西锁在柜子里，我和姐姐就总是想着偷他的钥匙。小时候的肉也是非常珍贵的东西，家里的肉很少，一般只有在逢年过节的时候才能吃上一点，可往往是才看到一点肉影子就被吃光了。为了能让肉更加耐吃，总是要用酱料腌制一下才行，想着想着便不觉口内生津了。

　　如今人到中年，生活缺少了新鲜感。波澜不惊的生活，安定的工作，稳定的感情，每天对着同样的琐事，总是想到人生也许就要这样平淡地过去了吧，再不会有小时候那样的梦想和好奇心。

　　女儿前一阵对我说，她去了一个叫做70后餐吧的餐厅，要推荐给我，刚好我也是70后。就是这么一个偶然的机会，让我这个伪文艺中年男人又一次找到了年轻时的味道。

　　餐厅环境不错，复古风格的装修，很有70年代的味道。内部灯光幽暗，更增添了许多神秘感，正如70后大叔一样有味道。进到店里，给人的感觉更像是一个咖啡馆。幽暗的灯光投射在桌子上，很怀旧。服务员的穿着也好似上海滩的小阿三，带着鸭舌帽，穿着各色衬衫。

菜品种类相比同类的餐厅而言，味道更加贴近记忆一些。第一次去时，叫了大盆蛙、烤鲈鱼、70土汉堡、麦乳精、糖醋里脊几道菜。大盆蛙味道鲜辣，性价比较高。汉堡的味道让我一下子回想起小时候吃到的馒头。后来，又陆续去了几次。对我而言，这些食物已经不能单纯以美食的身份出现在生活中了，而是重新被激活的生活记忆。我又重新找回当年的美好回忆，从父亲手中接到馒头时的喜悦，跟姐姐一起去邻居家蹭肉吃的得意，送给隔壁阿妹糖果时候的纠结，每一段回忆都充满了岁月的味道。

一次惊心动魄的美食之旅确实带给我不小的感动，但是生活最终还是会归于平淡。平淡的生活象无垠的大海，在一次次扑向岸边的失意后只能放弃对山的追求。而生活依然在不停地改变，把我们从一种单身的状态，带进婚姻的围城，变成别人的父母，家庭的顶梁柱，父母的主心骨，终于有了叫做"家"的小小住所。感情在锅碗瓢盆中升温，日子也在一天天的言语中开始变得有滋有味。这就是生活，生活有着苦辣酸甜。

走过岁月的变迁，回头望望那身后的脚印，虽然有些不平却也踏实地往前走着，"心里无私天地宽"也就是这个道理吧！生在70年代的我们，似乎昨天还是无知童子，猛然发觉，时光如梭，而今已为奕奕青年，或许再过不久，我已成为鹤发老人。远去的年华追不回，流逝的岁月抓不住，只有握住时间的手，与时间赛跑，才能体会生命的真实意义。

地址：南京市玄武区中山路100号IST艾尚天地
购物中心4楼
电话：83317103

青柚
——盛夏中的一抹清凉

推荐人：狸猫（媒体美食达人）

☆ 推荐词：绿色和蓝色总会给人一种清爽的感觉，逃脱夏日的燥热，为生活增添一抹绿色，享受薄荷般的清凉。

☆ 餐厅简介：青柚以绿色健康为理念，小清新的装潢风格，主打港式菜系，环境优雅现代，在美食中体会现代生活中的一丝娴静。

在我的理解里，其实港菜应该算是粤菜的一个分支。粤菜清淡可口，传统地道，而港菜则中西结合，更加符合现代人的口味。今天要说到的这家餐厅便是集港粤精华于一体的餐厅。

　　说到我和餐厅的故事就不得不提到我的女朋友。她是个十足的吃货，成天抱怨自己身材不好，却总是变着法地去寻找各种各样的美食。这家青柚港粤餐厅便是在这样的机缘巧合之下与我相识的。

　　我本身并不是一个嗜吃如命的人，食物本来只是维持生命的能量来源而已，我所需要的无外乎碳水化合物、蛋白质之类。当然，味觉上还是有一定要求的，不像我女朋友一般。对于美食也只是浅尝辄止，并不会动不动就去做寻找美食这样浪费生命的事情。可我唯独对青柚的态度有些不同。

　　青柚的装潢，着重突出的是简约时尚，餐厅整体给人一种棱角分明之感，以简单的线条勾画出餐厅整体的轮廓，视觉上现代感十足。餐厅的色调比较小清新，以蓝色、绿色、橘色为主，轻松的色调给人一种午后慵懒的感觉，进去之后便想一直等到下午茶的时间才肯出来。

　　我生长在北方，平时的饮食习惯口味偏重，吃饭的时候总喜欢咸一些。青柚的菜品口味大都比较正常，相比家乡的菜，也倒是可以接受。给我印象最深的是菜品的精致程度，水晶虾饺晶莹剔透，虾子鲜香，饺皮Q弹；脆皮乳鸽，

外酥里嫩，装盘干净利落，毫无杂质，给人一种很放心的感觉；青柚么么茶，通体墨绿，清凉逼人，韵味十足。

每道菜都有独特的感觉，有的鲜香可口，有的汁美味浓，有的清凉沁人，有的爽滑清新。最重要的一点便是食物本身的味道，粤菜讲究取之自然，用之自然，食物就要保留它本身的味道。

有过那么一些日子，我们经常去这家餐厅吃饭，她与我一样也很喜欢这种自然轻松的氛围。环境会在人不知不觉中改变人的心境，每次来餐厅吃饭，都感觉很平和、很舒适。她时常对我说，以后也要开一家餐厅，或者茶馆，或者咖啡馆，也要设计成这样的风格，秉承这样的理念，保持食品本身的味道，才能保持人最本真的性情。

又逢盛夏，如今又多了一个小家伙跟我们一起去感受这清凉了。

因·为爱
——最美的"遇见"

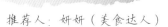

推荐人：妍妍（美食达人）

☆ 推荐词：菜品丰富，环境干净整洁、温馨。台式小火锅，口味清淡，汤底醇厚。地理位置绝佳，方便好找。

☆ 餐厅简介：因为·爱 旋转自助小火锅，汤底和调料都可以选择，适合朋友小聚和恋人就餐。价位适中，支持团购。

"……我看着路，梦的入口有点窄，

我遇见你，是最美丽的意外。"

来南京三年，非资深吃货，但对各种美食聚集地，却总是有着莫名的好感，这大概就是每个妹子的天性吧。然而铺天盖地的美食攻略，总不免看的眼花缭乱，跟着百度地图穿梭在大街小巷，觅得食物的踪迹。其实选择一份食物，就是选择一种心情，所有的寻寻觅觅，都不如那不偏不倚的遇见。没有早一步，也没有晚一步，就这样恰到好处的选择，一次邂逅，就足以铭记于心的甜蜜。这就是——"因·为爱"。

作为一个对食物不甚敏感的人，难免会有着严重的选择恐惧症。还记得那天，和他一起从先锋书店一路走到珠江路、大行宫、1912……最终转到了新世纪广场。

"吃点什么呢？"

"随便啦。"

这种回答想必总会

让人无奈到崩溃吧。因为往往不是真的随便，而是带着挑剔的无法选择。偶然一转身，便看到了这家自助小火锅。"因·为爱"，好美的名字。

　　周日下午，来得比较早，店内人不多。喜欢就这样静静的氛围，坐在靠窗边的位置，一面看着繁华的城市，再一转身，就可以看到心爱的人在身旁。点了一个喜欢的高汤锅底，看着面前传送带上各式菜品整齐有序地向前移动着，从视觉上便有种极大的满足。自助，绝对是治疗各类纠结症的神器啊！桌边有旋钮可以自行调节锅内温度大小，很方便。总喜欢在放满各类食材之后，再在最上面放上几片生菜，营造出一种花花绿绿的视觉美。煮熟之后，看着小小的锅内开始咕噜噜沸腾冒泡泡的时候，用筷子轻轻夹到碗里，沾上自己调好的浓郁的酱料，咬上一口，汤底的香味融合着食材本身的味道，任凭浓香和汁液在口里氤氲开来，更是满满的幸福。

　　这家店的水果和饮料也是极好的。在热气腾腾的小火锅之后，吃上一块新鲜爽口的西瓜，亦或饮上一杯清凉的柠檬茶，让味蕾尽情感受着冰与火的碰撞，便也是十足的畅快。

　　总会看到喜欢的食物转过面前，但又没来得及夹起，那一刻，难免有点小沮丧。因为没有"该出手时就出手"，于是便会错过。回转的好处就在这里，耐心等待，下一圈，依旧会如愿以偿。等待，从来不是一件坏事，它会让我们真正意识到，原来，究竟有多在乎；会让我们明白，想要的，期待

的，最终都会到来。生活也正如一个轮回，何须艳羡他人的精彩，珍惜身边的一切美好，就是最甜蜜的小幸福。

我愿意相信，每一次的遇见，都是久别重逢。喜欢就这样牵着手一起走过每条熟悉的街道，一起搜寻藏匿在大街小巷的所有美食，一起嬉闹的像小孩子那样快乐的玩耍……感恩命运的遇见，可以让我们携手度过这段最美的青春时光。

灯影秦淮，民国遗梦，英勇雨花，悲情南屠……这多面的一切，都构成着金陵。徘徊在大街小巷，遍地的梧桐，静默的站在那里。传说这些梧桐，是源于民国时期，一段"因为爱"的故事。而今的它们，见证着一段历史的变迁，诉说着一个城市的悲欢离合。千古沧桑，金陵一梦。游走在这里的大街小巷，相信我们每个人都会拥有属于自己命中注定的遇见，因为爱，迟早会到来……

地址：南京市秦淮区太平南路1号大行宫
新世纪广场4楼403号
南京市鼓楼区狮子桥181号
电话：51751777　83206432

蜀知味
——去过就忘不掉的味道

推荐人：介宁（江苏广电美食达人）

☆ 推荐词：当我开心或者不开心的时候，都会想去这家店，让麻香鲜辣
刺激我的味蕾，让心情飞起来。

☆ 餐厅简介：四川口味麻辣烤串，成都特色小吃。

从"蜀串香"到现在的"蜀知味"，"串串西施"胡林带着师傅传授的
手艺从成都嫁到了南京。从狮子桥到大纱帽巷，再到河西万达西街，吃货聚
集的地方都留下过他们的痕迹。

在遍地川菜的南京，这家正宗的成都风味美食小店让众多吃货赞不绝
口。从老板到厨师，从技术到原料无一不来自成都，绝不愧为老成都的味
道。四川人在这里找到了久违的家乡味道，而吃货们更是不用出南京就能品
尝到回忆中地道的成都美味。这就是蜀知味，只要你来过，就不会忘记她的
味道。

先直奔主题的聊聊我每次去蜀知味必点的几样"硬货"：冷锅串串+冒
脑花+蹄花汤+冰粉，这几样也都是成都小吃的典型代表。女孩子一般不吃
辣，都是怕长痘
痘。去过成都之
后我发现成都的
妹子吃的越辣越
不长痘痘。于是
我也尝试着开始
吃辣，没想到这
一吃不可收拾，
我越来越痴迷于
花椒的麻香。回

南京后我去过很多家川菜馆，最后在蜀知味找到了这种在我记忆中成都才有的惊艳味道。

　　冷锅串串香发源于天府之国，美食之都。它继承着火锅的精华，川味的精髓，但更具有新时代的成都小吃特色。串串不但味道悠长，麻辣可调，味碟多样，且食用方便，富有休闲情调，物美价廉。冷锅串串由火锅演变而来，火锅必须自己操作，自涮自烫；而冷锅串串则有专业的师傅烫制好后装在碗中供顾客食用，使得冷锅串串在口味和品质上都有比较好的保证，也不会让食客身上蘸上浓重的火锅味。成都冷锅串串是蜀知味的一大特色，它由

各种新鲜蔬菜、荤食切成不规则的形状，再用做好的竹签把这些菜品穿成串，顾客选好后放入厨师秘制配方的汤锅里加工煮熟，最后配上汤料与秘制的干碟或油碟蘸食，齿颊留香，味道悠长。

　　蜀知味的成都特色小吃，也是最受吃货们欢迎的，有冒脑花、麻辣蹄筋和蹄花汤。脑花鲜嫩无比，入口即化，唇舌间满是鲜香麻辣，没有一丝腥味，是重口味的必点圣品。每天限量15个，老客们都是一进店就问还有没有这货。焦黄酥嫩的麻辣蹄筋还没端上桌就能远远闻

到它诱人的香气，让人迫不及待地啃上一口，酥麻顿时在舌尖跳跃，卤味满满的余留在口中。麻辣蹄筋每天也早早的估清，想感受一下的吃货可要早点去哦。浓浓的蹄花汤也是那么的原汁原味，猪蹄经过6小时的熬制早已软糯糯、白花花、浓浓的骨汁和丰富的胶原蛋白融在汤汁里，每天限量的20份总是被爱美的女食客们提前预定。清淡的口味，解油去腻，开胃消食，不仅能美容还能减轻其他食物的麻辣之感，让你口中的味道更富有层次感。

　　最特别的是，蜀知味还有正宗的成都甜品：老红糖凉糕、水果冰粉、花生核桃奶等。由纯天然的米粉制作而成的凉糕，配以串串西施自家熬制的老红糖汁，清新微甜，爽口解辣，如此健康天然的甜品连小朋友都喜欢吃。同样纯天然的冰粉就更受女生们的追捧了，配上各种水果口味，搭配重口味的成都美食最合适不过了，在夏天时候吃起来冰冰的更爽！

　　除了美食，店里多数的服务员也是来自成都的，大师傅和老板用成都话吆喝着上菜，很多四川人也会来店里聚餐，让你感觉就像是在成都的街边吃饭。老板对老客户也是过目不忘，甚至连老客的口味都能大概记得，谁谁加辣，谁谁加麻；出新品，大厨也会请老客来试吃提意见。在这里吃饭，你能感觉到四川妹子的热情和细腻。

　　爱吃辣的小伙伴，你们还等什么？赶紧走起吧。蜀知味，巴适得很！

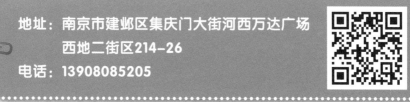

地址：南京市建邺区集庆门大街河西万达广场西地二街区214-26
电话：13908085205

晋家门
——如梦中苍凉里的她

推荐人：抗浪鱼（企业创始人）

☆ 推荐词：寻遍大江南北，品尝了江南的淡雅，品尝了东北的豪放，品尝了西南的辛香，然而世上最淳朴的味道生长在这里。

☆ 餐厅简介：西北方特色美食风靡全球，无数食客都闻名而至，当地独特的饮水文化更具感染力。晋家门，独具特色的西北主题餐厅，不断呈现新品，满足食客舌尖需要，刺激味蕾。

虽不是生长在西北，却总是看过些描写西北或是内蒙的电影，西北人的淳朴能干恰如《红高粱》里淳朴能干的九儿一样。地道的西北美食自然要去广阔与苍凉中寻找，或恰巧遇到刚刚劳作回来的妇人，向她讨一顿家常、一盏酒，定能体会出如黄土高原一样的苍凉。

今日且不说是否真的有人能真正地去感受地道的西北苍凉，但此时却有一个机会让我们距离苍凉更近一些。而我，或许将来的你，就有这样一个机会。

晋，山西的简称。提及"晋家门"，便避免不了会想到山西。的确如此，"晋家门"确如它的名头一样，给人一种苍凉的神秘感。

店门口的牌匾是木制的，旁边深邃的门亦是木质的。木即树，广阔的黄土高原最鲜明的特征，当然是当初的黄土高原，至于它为什么如今变得千疮百孔我们暂且不提。木头的深棕色，总能给人一种安静深沉的感觉。一进门，便知道这是一次有质感却又不做作的旅行。

除了深棕色还有一种颜色亦能代表西北的苍凉。不知大家有没有看过红砖，就是这砖红色，一瞬便能勾起我关于少年时老家建房的经历。建房师傅顶着烈日，喊着十分有节奏的口号，将红砖一块一块从这边抛起又从那边接下，火红的颜色像即将到来的生活一样支撑着师傅们的身体。生活如是，夫复何求？

苍凉是什么味道？我也时常问自己，我自然没有去过西北，或许是没时间，或许是不敢，可能也是出于面对真正的苍凉的惧怕吧。但惧怕是没有用的，总要去认真面对，哪怕是一次也好。

现在的苍凉恐怕是要经过漫长时间的积淀吧，食物亦是如此。一条鱼需要做多久，二十分钟？三十分钟？一个小时？若是四个小时又会是什么样呢？所谓"功夫鱼"正是这样一种存在，积淀的味道方有苍凉的痕迹。

功夫鱼(限量)
48元/条

4小时文火慢炖，骨酥肉烂，鱼形完整，乃功夫也。

莜面窝窝
16元/笼

五谷杂粮　莜面为王

黄馍馍
3元/个

《舌尖上的中国》里的黄馍馍是陕北著名小吃

晋家门烤包子
4元/个

外酥脆　里松软

再者便是淳朴，苍凉中定能孕育出淳朴，正如逆境中更能坚定友谊一样。勤劳的西北人做出淳朴的食物，食物淳便淳于其本身，正如"黄馍馍"、"酿皮"、"筱面窝窝"这样的食物，多一份修饰便是强加给食物本不属于它本身的特质。人往往不懂这样的道理，硬是要强加给自己本身之外的东西，彼时自己还是自己吗？

说不上流连忘返，但总觉得还会再来。再来看看木头做的门、红砖砌成的柱，再来品尝时间积淀下的苍凉和不加修饰的淳朴。

也许还能遇上九儿一样的姑娘。

地址： 南京市栖霞区马群招商花园城3楼
（近地铁2号线马群站） 86516377
南京市玄武区中山路100号艾尚天地4楼 85656105
南京市秦淮区新世纪广场5楼 83728316
南京市江宁区竹山路59号
万达广场4楼 86156071
南京市建邺区江东中路98号
建邺万达广场3楼 89637779

敏珠拉姆藏式主题餐厅
——藏族美食文化体验记

推荐人：殷明（国企财务经理）

☆ 推荐词：知名乐队表演，藏族服务生与顾客手拉手起舞，我不敢相信这是在一家餐厅里所见到的，想必只能用不虚此行来形容了吧。

☆ 餐厅简介：藏式主题餐厅，浓郁的藏式文化，热情的藏族人民，带给你不一样的体验。

您体验过一边吃饭一边看着音乐表演吗？您体验过在南京品尝异地美食吗？而今这已经不算时尚了，真正的时尚是：在吃饭时身边响起藏族的音乐、牦牛从你身边突然冲过、犄角离你只有一公分距离⋯⋯冷汗惊出时，又见几位藏民拿着鞭子驱走了牦牛，抬着数米长的大喇叭，古老的天籁之音响起⋯⋯这一切，就是我在南京敏珠拉姆餐厅的真实体验。

　　这家餐厅位于南艺西面的石头城路，电视塔正下方的大院内。门面简单，上了三楼却立即让人感觉进入了青藏高原。入口就是一排转经筒，进门后迎面是藏传佛教的唐卡画像，两边迎宾的都是藏族姑娘。内部装修极其古朴精美，头顶是密密的经幡，室内有清幽的藏香点燃，墙面是藏式的白石灰配着壁画、青藏高原的摄影作品和弓箭等器具，服务员之间的讲话也大多使用藏语。听说这家餐厅的老板来自香格里拉，菜品的原材料也来自藏地，而菜系是属于西藏的宫廷菜。

　　当天正逢餐厅一周年庆，所以有著名藏族歌手玛尼石乐团从北京赶来给客人奉上藏族音乐。要不是提前多日预订了座位，连入场的资格都很难有。我们点的菜多是藏族地区的特色菜，如自制老酸奶、用藏区的土豆做的薯香羊肉等。各种菜的原材料也非常珍贵，有从香格里拉空运来的羊肉和云南鸡腿菇、牦牛肉，等等。个人觉得最有特色的菜是以下四个：一是烤羊排，羊肉产自高原，自然和南京的不一样，有嚼劲，不膻，不得不赞；二是牦牛头肉，一个超大的盘子里放半个牦牛头骨，上面有牛角，肉只占一小部分，味道不错，应该说气势胜于口味，这道菜招待贵客很有面子；三是牦牛舌，牛肉非常香，而且软烂，适合小朋友吃，量也非常足；四是石头烤牦牛肉，是用锡纸包着肉、洋葱和石头，周围带着酒精的火焰

上桌。牦牛肉切片，很有嚼劲，对牙齿好的人来说这道菜也非常美味，而且量很足，建议吃不完的打包带走，这可是空运来的哦。

酒过三巡之后，老板索南扎西致辞。非常朴实的言语，他说敏珠拉姆餐厅就是青藏高原在南京的延续，希望来宾吃好玩好。之后是西藏的祈福仪式，高亢的歌声之后，突然一只黑色大牦牛从餐厅里穿堂而过，虽是人装扮的，但非常逼真，不在意的人会被吓一跳。不一会儿又突然出来一只白色大牦牛，之后终于来了藏民降服了牦牛，并撒五谷和水珠为大家祈福。玛尼石乐团终于上场，四位不同民族的帅哥，其中最帅的主唱浓眉大眼，长方脸，高鼻梁，身高近1.8米，真是男人中的男人。吉他和民族传统乐器同时奏响，加上温厚的男中音，使大家在天赖之音中忘记了桌上的美食……

总体而言，南京敏珠拉姆藏式主题餐厅的优点是环境优雅、装修精美，有特色、有档次，菜式朴实天然。口味比我在青海等地的回民餐厅吃的菜有较大的不同，似乎更精致一些，更多一些云南的味道，也更适合南方人的口味。所以，无论是从文化特色还是从美食品味还说，这都是一家值得推荐的餐厅。

地址：南京市石头城路118号嘉柏1号会所3楼
电话：85522368

新石器烤肉
——体验荒野中狂奔的快感

推荐人：断片儿（南京理工大学）

☆ 推荐词：生活如果平淡了，人也会倦怠起来。就好像吃惯了家常便饭，总要变着法地想着换个口味。

☆ 餐厅简介：每当听到烤肉在铁板上被烤的滋滋作响时，心中就会涌起一种莫名的快感，仿佛回到了原始的大草原上，过上了祖先一般的生活。

　　我曾去过一次内蒙古，在大草原上住了一个星期。刚到那里，我就爱上了草原的狂野。

　　云淡风轻，天空刚露曙光，带着几分喜悦和向往，从睡梦中翻起，心情格外的爽朗。汽笛声响，我们的车在路上飞奔着，路边的树转瞬而过，车里

欢歌笑语，时而有同学唱着欢快的歌，时而有老师高谈阔论，其乐融融。太阳开始向我们招手，露出了她可爱的笑脸，依稀看到车外人们忙碌的身影。荒凉辽阔的戈壁像个影子似的悄无声息的进入我门的眼帘，那种粗犷荒凉同江南的俊秀生机绝然不同，也许正是这种粗犷成就了西北人的直爽。

事别期年，如今想起当年的我，那样年轻的情怀，狂放的酣笑，都已经不复存在。几日前，老朋友出差到南京，忽然想起找我，他是我当时去内蒙古的同伴之一，所以很默契地就选择去吃烤肉。其实当时已经想不起自己有多久没有吃过烤肉之类的东西了。但想不到这次突如其来的烤肉之旅却给我麻木的神经打了一剂兴奋剂。

烤肉店的名字是新石器烤肉，在南京这么久，其实很早就听人说过这家店，但是苦于没有时间且没人陪伴，只好作罢。到了烤肉店，感觉也是蛮正常的装潢，环境跟其他的烤肉馆也没有特别大的差别，唯一感觉不错的地方就是卫生条件稍好，店里的生意很红火。这给我和朋友留下了不错的印象，让我们都坚信自己的选择是正确的。

两个饥饿的男人到了店里，当然是要先来上两盘特色的调味五花肉和肥

牛肉。五花肉的肥瘦比例恰到好处，吃到嘴里香而不腻，还不失嚼劲，当然这也要归功于朋友的烤肉功夫。听着烤肉在纸上发出滋滋的响声，又看着眼前的朋友，不禁让我想起了当初的欢乐，想起了那次草原之行。

　　朋友虽然离别，但是我偶尔也会找上现在的同事去吃一顿烤肉，聊聊公司里的事，聊聊生活，聊聊未来。物是人非，但是感觉依然清晰，人总要向前看，旧朋友不在身边就多找些新朋友。美食对于大多数人来讲是味觉上的享受，是生理上的需求，但是对我来讲却充满了珍贵的回忆，那是我人生轨迹中记忆非常深刻的一次旅行，那里我收获了人生最美的邂逅。

　　"您好，您的烤肉。"

　　"谢谢，麻烦再加一份沙滩烤肉。"

　　"好的，稍等。"

　　滋滋……

地址：南京市秦淮区中山路18号德基广场B1楼
B116-117号　84764545
南京市秦淮区建康路3号
水平方B2层　58059400
南京市雨花台区长虹路222号虹悦城B1楼　52275687
南京市浦口区大桥北路58号新一城B1楼　58400640

云南味道
——游子归家的味道

推荐人：周雪城（南京大学）

☆ 推荐词：云南菜的神秘，从不知名的食材开始，来这里会误以为自己
闯进了谁家的老宅子，别有一番风味。

☆ 餐厅简介：餐厅的装潢特别有异域风情，桌布为手工刺绣而成，包间
里还有缎面靠垫，既有民族特色又不失典雅。

云南，中国西南边陲，彩云之南，北回归线贯穿而过。这样一个神秘宛
如世外桃源，曾让武帝追梦的云南，你说说，它的味道会是什么样的呢？

今天要说的这家云南味道，在长江后街。穿过繁华绚烂的1912街区，第
二个十字路口右转，步行几十步，你会看到和1912完全不同的光景。不知
你是否还记得，以前常常去的奶奶家的小院子。如果没有"云南味道"的牌

子，真的会觉得自己误入了谁家的老宅院。

而这家云南味道也确实是由店主家的住宅改造而来。进入餐厅还能依稀窥出之前住宅的一些模样。听南京当地的同学说，好像店主是云南人，在南京几十年了，依然忘不了家乡的味道，索性自己开店，便有了这家云南味道。自同学记事起，这家小馆子就是这样，悠悠数载，味道如一，岁月只是让餐厅旧了一点，却丝毫没有影响菜的品质。

第一次去的时候，确实感觉已经很久没有装潢过了，略微退色的墙面、古老的装修样式。吧台就在门口，通道很窄，故而店面也有些局促。不过这些岁月的痕迹却让人觉得安顿，没有富丽堂皇的餐厅带来的喜悦感和虚荣心，却有一种游子归家的静心。餐厅的布置也绝对别具一格，既有民族特色又不失典雅。每个座位之间都有隔断，桌布为手工刺绣而成，包间里还有缎面靠垫。窗子不大，昏黄的灯光包围着每个座位，很有异域风情。一楼是一个个小方桌组成的座位，二楼是包间。最大的包间还有一个小小的封闭阳台，阳台里同样摆有一桌两椅，可供情侣细说情话，也可供酒友推杯把盏。探出窗外，隐约可见1912的灯光，回过头又是静谧的小餐厅。

坐下来，拿起画满鲜花蝴蝶的菜单对菜品一一过目，许多不认识的食材名字，又平添了几许神秘。

对云南菜最初的认识还要追溯到金庸先生的《鹿鼎记》。《鹿鼎记》中有一段，云南沐王府小郡主被掠至宫中，韦小宝不敢怠慢，吩咐厨房做了几道云南菜，什么过桥米线、汽锅鸡、宣威火腿来讨好方怡。当时读至此处便心生品尝云南菜肴的向往。

这次最先点的就是汽锅鸡。汪曾祺先生对汽锅鸡评价甚高，他在《五味》中这样写道，如果全国各种做法的鸡来次大奖赛，哪种鸡该拿金牌？我以为应该是昆明的汽锅鸡。汽锅鸡做法特别，汽锅中间有一个空心管，烹饪过程中通过它将水蒸气传至鸡身，这样的间接加热稳定而透彻，最大限度保

持了鸡的鲜味。打开锅盖，鲜香之气幽幽探出。再看锅中，水波荡漾，汤色清明，看起来清汤寡水实际暗藏乾坤。呷一口汤汁，没有繁复的调味品味道，除了必备的盐带来的咸味，便只有鸡本身的最原始的醇香。这是一道激发食材本身的鲜美而不是靠调料调制的菜，真的是弥足珍贵。

作为北回归线上的明珠，云南特殊的气候使它形成了独特的生态环境，其中一个体现就是盛产花卉，而这些花卉也自然而然开上了餐桌。云南味道里有道菜叫茉莉藏金，点上来才知道，原来是茉莉炒蛋。不过金黄的鸡蛋基本掩盖了茉莉，俨然已经成了茉莉藏于金。但是这并不影响它的味道，茉莉本来就是辅料，鸡蛋才是主角。一口嫩香的炒鸡蛋中混着略带苦涩的花香，不得不说是一种奇特的搭配。

如此美味的菜肴相伴，若是点了白米饭未免可惜，幸而还有云南美食铜锅饭。铜锅饭，顾名思义就是将洋芋、火腿、青豆等东西和米饭一起在铜锅中煮熟，煮出的饭清淡而喷香。当然，若只是这么一锅杂饭也没什么可说的，煮饭的一切妙处都凝结在了锅壁的锅巴上。梁实秋先生在《雅舍谈吃》中就曾评价锅巴"酥脆而香，别有滋味"，而铜锅煮出的锅巴又不粘锅，为取食提供了方便。

另外，云南菜中还有一类就是虫，点了云南三虫，香脆无比，滋味鲜美，但是毕竟不是一般的饕客所能接受，便不多讲。

食毕，以一杯冰凉的青柠水结束这一顿味蕾的异域之旅，快哉美哉。

地址：南京市玄武区长江后街5号
电话：84513069

异域风情

摩休敦纳韩国年糕料理
——韩剧的情节，不只在幻想

推荐人：飘（南京师范大学）

☆ 推荐词：飘雪的冬季，好想携手我的他，相约摩休敦纳，上演着如韩剧一般浪漫唯美的剧情。

☆ 餐厅简介：一家正宗的韩国料理店，经常会有团购优惠活动，是情侣约会、朋友休闲小聚的绝佳去处。

随着韩剧在中国的热播，大陆飘来了一股哈韩风。上至七十岁的老太太，下至十来岁的小姑娘，几乎人人都能数出好几部自己心水的经典韩剧。与此同时，辣炒白菜、紫菜包饭、大酱汤、五花肉、炸鸡……这些极具特色的韩国美食也变得家喻户晓。而最具有标志性的年糕，也作为出镜最频繁的美食受到了中国人的追捧。帅气的长腿欧巴（韩语中"哥哥"的意思）在浪漫的冬天里和女主角围坐在热腾腾的年糕锅旁，畅饮着一壶温暖的烧酒，有说有笑地谈着人生和理想，时不时牵起女生的手说着未来的承诺。这样的场景也引得了无数女生的尖叫与羡慕。而今，南京的这家摩休敦纳，圆了像我一样的韩粉们的梦。

初来这里，是去年的一个圣诞

夜，天气有些寒冷。看过电影，我独自走进了金轮的这家年糕店。还未进门，便远远的听到了店内的欢声笑语。虽然已经临近九点，但这里的顾客却丝毫没有减少。每个餐桌的锅里都是满满的，沸腾着丰盛的年糕。在火锅的热气下，每个人的脸都红扑扑

的。脱下厚重的羽绒服，挽起毛衣的袖子，一场愉悦的年糕火锅之旅就这样开始了。

摩休敦纳的年糕多种多样，有烤肉年糕、奶酪年糕，还有独具特色的部队年糕、海鲜年糕。可以单点，也可以点更划算的套餐。我怀着好奇心点了一份部队年糕锅，加上一份这里的特色主食——农心辛拉面，又模仿着韩剧里的吃法，配上了辣白菜、大酱汤。摩休敦纳的份量很足，年糕也很有嚼劲，配着底料，增添了更多味道。沸腾的年糕锅里煮着蟹棒、肥牛、贝壳、青口、蔬菜，添加的农心拉面即便煮到最后也不会烂掉，反而更加入味。部队火锅的汤底偏甜，带少许的辣，在寒冷的冬天里喝上一口，感觉浑身都充满了正能量。

在这个寒冷的冬天，吃着温暖的年糕火锅，看着周围一对对恩爱的情侣，幻想着在某个时刻，未来的他正坐在你的对面嘲笑你狼狈的吃相，用纸巾擦去你嘴角的辣酱，唱着"Merry Christmas"逗你开心，告诉你他会永远在你寒冷的时候带给你温暖。这才突然发现，在工作中坚强了很久的自己，原来内心里依然只是一个小女生，小到只需吃着年糕幻想一番便可满足。

又是一个圣诞夜，今年，你又会和谁携手摩休敦纳呢？

地址：南京市秦淮区汉中路金轮美食天地
B1楼（近金鹰购物中心）　13801592635
南京市秦淮区建康路1号水游城B2楼
82233116

糊世刺身
——深藏在巷子里的刺身店

推荐人：曾节（江苏三鸿食品执行总裁）

☆ 推荐词：小刺身，大诱惑。满满的正能量！

☆ 餐厅简介：对于日料来说，有人说，从小处说吃的是器皿，从大处说吃的是文化。这家小店，走的更多是亲切、低调、邻居般小店的路子。常常需要等位。把菜单直接交给厨师，边吃边看制作，很放心的感觉。

糊世刺身是最近突然火起来的小店。它深藏在巷子里，很不易显露，却能掀起巨浪，半年以来已经在南京及周边开设十多家门店，每天都会有数不清的食客来光顾小店。日式的居酒屋、超实惠的价格和新鲜的口味是小店做起来的根本，也同时受到了众多粉丝的一致好评！糊世刺身的定位非常精准——年轻的互联网人群。老板说他原来在高档的自助餐厅里吃饭，发现最受欢迎的就是哈根达斯和三文鱼，所以老板想到既然哈根达斯可以单独出来开店，那三文鱼也是可以的！所以糊世刺身就在这样一个偶然和一个必然的因素中诞生了！

知道这家店是在微博上看到的。它做的百人试吃活

动让我惊讶不已，所以带着好奇的心，我来到了这家深藏在闹市区里的小店。一个很不起眼的小巷子里，除了在等待的客户们，基本上没有过路客，属于那种走过去都不会在意的小店。它不高大，门面招牌从头到脚只有几米宽；它不富丽，小店只有二十几个平方；它更不张扬，没有做任何大的宣传和推广。但是，它热情，每天乐呵呵的接待南来北往的人；它耐心，每天在微博上不厌其烦的回答着粉丝点点滴滴的问题；它更专业，它的三文鱼来自遥远的挪威，空运过来的三文鱼无论是味道还是卖相都是最棒的！

　　走进这家店，立刻给人一种日本居酒屋的感觉。整体的装修风格不是太豪华，却有一股古典的韵味，与窗外繁华的都市显得格格不入，好像进入了另一个世界。木质的凳子、桌子，给人以一种安静而沉淀的厚重感；古老的民谣时而轻快时而低沉，彷佛是在向人们诉说着古老的故事；敞开式的前台能直接看到厨师现场制作，一方面可以让客户看到大厨们的优秀刀法，另一方面也让人们看到新鲜的食材，让客户吃得更加放心。

　　轻巧的拉开座位坐下，服务员立刻满上一杯清香的白桃乌龙茶，味道清醇，让我这本不爱喝茶的人顿时喜欢上，唇齿留香的感觉立刻让我胃口大开。菜单是简易纸质的，小巧又灵活，翻开后还真是应有尽有，挪威三文鱼、北极贝、八爪鱼、海胆，还有各样寿司都在冲击着我的味蕾，还没开吃就口水流到不行

了。经过服务员耐心的介绍后，我点了挪威三文鱼（厚切和薄切），一份单人刺身船套餐，外加一份糊世卷。

上的头道菜是海草和芥末章鱼，海草口感很脆，吃起来非常爽口；芥末章鱼是生章鱼和山蛰菜搭配而成，再配上秘制的芥末精华液，气味芳香清爽，口感绝对呛到人心，但是给人非常爽的感觉。

凉菜还没吃完就上三文鱼了，厚切是7片，薄切是14片，色泽鲜艳，富有弹性，看上去非常新鲜。以前只吃过薄切，今天第一次吃厚切三文鱼，蘸了蘸酱油一口吃下，顿时感觉爽爆了！原来厚切的感觉是如此不同，三文鱼鲜嫩的肉在口腔里这么富有弹性，口感让人欲罢不能。好吧，我被彻底征服了，立刻拿起第二块开始嚼起来，爽而不腻是给我的感觉，吃起来非常舒服。薄切的三文鱼也不算薄，完全不影响口感，搭配酱油，几乎没有什么腥味。吃完三文鱼后就是刺身船了！5种刺身在船上堆起来像小山一样，精致又让人很有食欲。白色金枪鱼、希鲮鱼籽，都让我回味无穷！不是我夸张，就感觉自己像条小鱼在大海里游！真的发现，原来生鱼片吃起来也能这么美味。最后是加州卷，老外喜欢吃的寿司之一，蟹肉与青瓜卷搭配上火腿条、黄瓜等，最后由紫菜包裹，吃起来清新却很有层次感。一顿饭完后，几乎就已经走不动路了。

不得不说，作为吃货的我，今天确实吃的爽极了！

异域风情

地址：南京市鼓楼区青岛路10-2号
（好的超市对面）
电话：85570907

菊次郎の夏居酒屋
——在温柔的时光相遇

推荐人：石如梦（南京大学）

☆ 推荐词：樱花、寿司、和服，和风的点点滴滴，是萦绕在心头的挥之不去的浪漫。现在不用去到日本，也能按着最传统的日式用餐礼节，享受一顿地道的日本美食。

☆ 餐厅简介：清淡、不油腻、精致、营养、着重视觉、味觉与器皿之搭配，是为日本料理的特色，对品质的把握很好。

　　樱花、寿司、和服，和风的点点滴滴，一直是萦绕在我心头挥之不去的浪漫。一直想像着有一天，能穿上漂亮的和服，按着最传统的日式用餐礼节，享受一顿地道的日本美食。

　　在南京这样一座古城里，有十里秦淮、金陵城墙将它的古韵装点有致，而那些隐匿在城墙瓦砾间的点滴异国风情，也同样让这座城市风情万种。

　　一直以来都很喜欢日料，喜欢它的新鲜和精致，钟情于它创生的一种别样的浪漫优雅，那种有别于奢侈法餐的低调的温柔雅静。清淡、不油腻、精致、营养、着重视觉、味觉与器皿之搭配，是为日本料理的特色。料理这

个词，我很少用它来描绘食物。一般的食物只是称作食物，倘若它多一点美味，那也就称得上是"美食"。而对于"料理"这个词，我有一些偏执，总以为美味之外，还必须被倾注了许许多多的用心、细心以及对食物和食者的尊敬。一道融合着"色"、"香"、"味"、"心"诸元素的菜肴，才承受得起我心中的"料理"之名。

作为一个对吃有着执念而内心又泛滥着小资情调的人，我委实不喜欢坐在金碧辉煌的大厅里装作出一副道貌岸然的优雅。有文艺情结的人应该会更偏向于这样一个场景吧：在一个雨天，鞋子被淋得半湿，你和好友打着伞一起进了巷子里的一家小店。店面小巧精致，客人不多，位子上的坐垫很柔软，小桌上的茶具简单清新。抬头看，窗外的雨继续淅淅沥沥地下着，再滂沱一点也没有关系，因为屋里的温暖气息已经将你整个笼罩。你捋了捋半湿的头发，老板微笑着给你递上菜单。这就是我最喜欢的小店——碎花的窗帘，藤制的座椅，榻榻米的结构。你盘腿而坐在四四方方的小桌边，拿起陶瓷的餐具，品尝的不一定要是昂贵的刺身，即使只是一盘寿司、一碗蒸蛋，哪怕只是简单的美味，也给你莫大的享受。

这就是我一直钟情的——菊次郎の夏居酒屋。

菊次郎の夏居酒屋，隐匿在仙林大学城的一条弄堂的最深处，周围是熙熙攘攘的小贩。而它，没有醒目的招牌，没有夸张的引导牌，就那样低调而骄傲地存在着，仿佛只是静静地等待着有缘人的到来，以至于我在大学的第一年里曾几百次离它近乎咫尺也未能发现。

第一次走进这家居酒屋，就产生了一种相见恨晚的感觉。壁橱上错落有致地摆满了烧酒的瓶子，日式的帘布将小小的大厅分隔开来，包房里的小灯

异域风情

安静地亮着，发出橘色的温暖的光束。

冷的时候，进屋点一份暖暖的乌冬面，兴致好的时候再喝上一小杯清酒，整个身子立马就暖了起来。闲日里，约上几个好友，脱掉鞋在包房中坐下，围绕着榻榻米，让自己置身在舒心的氛围里，美食和情谊兼得，妙哉妙哉。倘若你是一个人来的，就可坐在被帘子将之与厨房隔开的长桌前。这时候，你离美食是最近的。透过帘子，你可以看到师傅认真忙活的身影，甚至看得清楚一道道料理是如何完成的。那时，真是有一种美味触手可及的感觉。

推荐菜：摩托罗拉卷

吃完了这样的寿司，我想你很难再对街边的快餐式寿司店感兴趣了。新鲜的米粒弹质爽滑，包裹着的鸡肉配上甜甜的酱料，外面再撒上一层独特的沙拉和蟹籽粒，咬下去实在叫人心情大好。

推荐菜：鳗鱼饭

一直惊诧于日料里鳗鱼的作法，是如何那么恰到好处地将那点甜、那点嫩、那点柔滑完美地结合在一起的呢？用精巧的勺子舀起一口拌着独特酱汁的米饭，再来一点鳗鱼，日料似乎就用了非常简单的几样东西，便让你的味蕾分外的享受。

美食，每个人的定义都不一样。于我而言，美食，美的不仅在食，更在心。如果一份菜肴，既融合着做者的用心，又有着吃者的欢心，那它的美，便自然而然显露无遗。如果你揣着一颗淡漠的心来"吃"，那世间的食物对你来说应该都只是无味的杂草吧。

美食，美在心境。而这家小小的居酒屋，用心为你创造着美的心境。

异域风情

地址：南京市栖霞区仙林学衡路康桥
　　　圣菲13栋110室（近南京师范大学）
电话：15051883013

香江蕉叶
——在美食中，体味快乐的本真

推荐人：高晗阳（河海大学MBA）

☆ 推荐词：生活中的快乐无处不在。有时，你需要经历很多痛苦和折磨才可以拨云见日；而有时，你只需身临其境，便可获得。香江蕉叶，让你获得快乐的餐厅。

☆ 餐厅简介：以特色东南亚菜为主，菜品多酸甜口味，是节日聚会，朋友出行的首选。

　　一盘猪颈肉，一只咖喱蟹，一碗菠萝饭，一份榴莲酥……我的周末生活就这么在美食的环绕中缓缓开启了。结束了难熬而忙碌的工作日，总想找个地方给心和胃放个假。厌倦了酒店聚餐一盘盘油腻而重复的菜肴，又不想一个人躲在咖啡厅孤芳自赏。总想尝点新鲜而有特色的美食，香江蕉叶，无非是最佳选择！

　　香江蕉叶——提起这四个字，不免让人联想到有着异域风情的泰国。在那里，蕉叶主题餐厅永远是人满为患。香江蕉叶，正是一家泰国特色风味餐厅，到处都有着强烈的异域风情。进门的几片大蕉叶格外夺人眼球，身着泰国特色服饰的服务生，鲜亮的色调装潢，让人眼前一亮。香江蕉叶最有名的菜，便是咖喱蟹了。一只水嫩鲜美的蟹，被裹上金黄色的外壳，伴着份量充足、浓郁味道的咖喱，还没来得及停留三秒，

就被我们"破坏"了。蟹肉很嫩、很新鲜，我们吃了几口就觉得撑，但却是一边喊撑一边继续吃，根本停不下来，完全沉浸在享受美食的欢愉中。碳烤猪颈肉也是非常有特色的一道菜，切好的肉块整齐摆放在盘中，配上酸甜的酱汁，放进嘴里便会给人无限的满足感，生活中的那些压力与伤心瞬间便可以烟消云散。值得一提的是，这里的榴莲酥味道很纯正，我在街边巷尾吃过很多所谓的"正宗榴莲酥"，但找来找去，始终最喜欢这里的味道。

我们去的那天正好赶在六一儿童节，到处都是爸爸妈妈带着可爱孩子，场景格外热闹。我们旁桌一个很萌的小女孩不停地向妈妈吵着要菠萝饭，妈妈和孩子开起了玩笑，勺子喂到嘴边又缩了回来，看着小孩子在旁边焦急而渴望的神情，我们也不禁被逗笑了，这是多么充满童趣的一幕啊！正当我们沉浸在美食带来的无穷欢乐时，餐厅里突然响起了音乐声，几个穿着异国服装的朋友走上台前，表演起了独具东南亚特色的舞蹈，引得客人们连连叫好。其中一个热情洋溢的美女还拉着我们上台一起跳，在她的盛情邀请和热情气氛感染下，我们也走上台前，融入到美妙的歌舞声中。最后，表演者们一起为小朋友们送上儿童节祝福，还为小朋友们专门准备了糖果。这也是这家餐厅最独特的地方，他们认为享受美食是一件快乐的事情，要以快乐的态度来对待。

走出蕉叶，浑身的疲倦早已褪去，我和闺蜜畅谈着生活中各种快乐的事情，才发现原来美食不仅是用来填饱肚子的空缺，更是用来填补快乐的空缺。如果你希望走出这家餐厅感受到的是生活的美好，那么，请走进香江蕉叶。

地址：南京市玄武区碑亭巷杨将军巷9号
　　　曼度嘉年华2楼(近太平北路1912)
电话：68520055

莲悦
——通往异域的奇幻之旅

推荐人：天狗（美食编辑）

☆ 推荐词：脱离现代都市的喧嚣，任凭原始的冲动涌上心头，从心而动，在简单之中体会他乡美味给人带来的放松。

☆ 餐厅简介：环境时尚简约，不乏南国风情。

她就像一个老朋友一样出现在我生活里，忘年交。她简单，直接，却又不失神秘，充满内涵，耐人寻味。我曾经很想有一个这样的忘年交，于是，当我遇到她，我终于停下了脚步。

也许跟一个餐厅做朋友是一件很不可思议的事情，可是就是那么突然，我在看到她第一眼的时候就想和她成为朋友。

她简单，简简单单"莲悦"两个字，简单的绿色的背景，大块的壁画、

异域风情

63

大朵的淡粉色的花、墨绿色的叶、湛蓝的水，简约又大方，使她有特别的简单韵味。发黄的竹凳，洁白简约的桌子，便是给我最好的招待，仿佛在家里一般，等着阿妈把香喷喷的饭菜放置在桌上，等不急想要伸手去抓，却被阿爸一下子"打"回去。

她精致，门口几尊外形独特、制作精细的泰式雕像，两扇镂空的红木门，门厅中排列整齐的竹排，无处不散发着她精致而不做作的气质。

第一次与她近距离接触的我紧张不已，像是从未表白过的初中生见到暗恋已久的比自己大了两个年级的高中大姐姐一样。局促不安的我面对端庄

典雅的她不由得心生怨念，并自顾自地以为她应该只是个徒有其表的家伙。然而，面对她周到的招待，精致的菜品，我不由得惊讶起来，这是何等美丽的一次经历。

初次见面，便能尝到她最拿手的菜品。色泽金黄的榴莲酥，身上点缀的仿佛一朵朵金黄色的莲花，让我不忍破坏。肥而不腻的猪颈肉，蘸上秘制的酱汁，直叫人感叹她的巧手。滑蛋虾仁口感嫩滑，香草炒饭香馨十足。

只有心灵手巧的人才能做出那样的食物吧，也只有清新脱俗的地方才能吃出这样的感觉吧。

　　如今，我人已不在南京，但是对于她的记忆依然不减。每每想到那次经历便不由得从心底里感叹，当时的自己是一种什么样的心境。对于身边事物充满新鲜感的年纪再也不会回到自己的身边，承受着工作的压力、生活的重负，怎么还会有经历去感受其他？

　　于我而言，那种清新脱俗的感觉，就像是刚从树上结出的柑橘一样，从头到脚都酸出了精神。现在的我也时常想脱离生活的重压，逃离苦闷的现实，哪怕只是一瞬间也好。多么希望再次遇到她，再来一场不一样的异域之旅。

地址：南京市江宁区竹山路59号万达广场4楼
电话：86156728

娜塔
——在安静中，不慌不忙的坚强

推荐人：李书婷（美食达人）

☆ 推荐词：有这样一家餐厅，它与世无争，它低调内敛，它充满魅力，它满载回忆。它像一个温柔的女子，在安静中，不慌不忙地坚强着。

☆ 餐厅简介：以特色咖喱饭为主，适合情侣或闺蜜静静地吃饭。小资文艺青年必去之地，有悠久的历史，位于南京农业大学北门西约500米。

第一次来娜塔是四年前，那时候刚念大学。学校里的老乡学姐热心的问我，想不想尝尝南农附近的美食，我点了点头，她说，那就来娜塔吧。就这样，"娜塔"两个字，在我入校的第一天，就印在了我的脑子里，我也就这样，开始了与娜塔的缘分之旅。

娜塔离南农很近，出北门向西走500米就到了。走进娜塔，我的内心不禁一阵惊讶，装饰得如此文艺，除了那些格调独特的咖啡馆，想必就是娜塔了吧！餐厅的空间不大，准确的说，甚至有些狭小——只摆得下六张桌子，但却十分干净整齐。左边的墙上，挂着几个相框，里面尽是风景图片。淡蓝

色的蝴蝶纹路的桌布，配上木质的餐具，透着一股古朴自然的味道。

然而我的目光却一下子停留在了右面的便签墙上。硕大的一面墙上，贴满了五颜六色的便签留言……无数的人，无数个时间，无数个心情，交织成了这面满载梦想与希望，浓缩回忆与故事的便签墙。这面墙的历史，想必就是这家餐厅的历史了吧。

选择一个靠近便签墙的座位，顺手拿起老板娘递过来菜谱，从首页翻至尾页，不禁对菜谱的设计产生了好感。菜单也是木质的材料，从头至尾全部手写，有些很有特色的美食，还被亲切地标上了批注。听学姐说，这已经是她第四次来了，每次来都会点一盘特色的咖喱饭，还笑嘻嘻地说要在大学四年里把这里所有的咖喱饭都尝个遍！这里的咖喱饭有红、黄、绿三种。颜色不同，口味也千变万化。于是，我们点了一盘黄咖喱牛腩，一盘酸甜菠萝饭，一盘面包蝴蝶虾，又附上了这里的特色热咖啡和柠檬草奶茶。老板娘还细心地在餐桌上为我们铺上了木质的竹帘。这里的咖喱饭色泽可爱，造型美观，有种东南亚菜的口感，入口饱满，不会让人感到腻。咖喱的份量很足，饭也可以随意添。每吃一口我都不禁赞叹一句，真的有种向老板娘拜师学艺的冲动。娜塔里用餐的人很多，有闲聊的闺蜜，有恩爱的情侣，也有带着电脑来上网的，但始终没有人大吵大闹，这可能也是娜塔最有魅力的地方吧！

此后，每次有人来找我推荐学校附近的美食，我第一个便想到娜塔，和她们讲那里的特色咖喱饭和奶茶。直到过去了

一年又一年，直到我也成为了学姐，也开始请我的老乡学妹去吃娜塔，她们也如当初的我一样，欣喜、惊奇、赞赏有加。这里的菜谱没有很大的变化，每次闻到黄咖喱牛腩饭的味道，都像是第一次来这里，那种新鲜的味蕾刺激，让我来了，就不想离开。

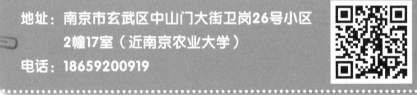

地址：南京市玄武区中山门大街卫岗26号小区
　　　2幢17室（近南京农业大学）
电话：18659200919

王品台塑牛排
——只款待心中最重要的人

推荐人：刘耕（零售学堂创始人）

☆ 推荐词：若你没品尝过王品，请不要说你吃过牛排。王品，超出你的想像，也必定颠覆你的想像。

☆ 餐厅简介：牛肉柔软嫩滑，牛筋爽口入味。

已记不清吃了多少次王品牛排，这里已成为我特色宴请的必选之地。

初识王品，是在《第一财经周刊》上看到的几幅不同面孔的平面广告，画面只有一句最煽情的文字：只款待心中最重要的人。从那时起就心生向往，甚至有点儿顶礼膜拜之感。

选择王品，其实不需要太多理由。我偏爱王品的原因：

其一，王品牛排有着独特的台湾文化，创始人戴胜益的海豚管理学小有名气。据传，王品创立初期，戴胜益在观看海豚表演，海豚每一次表演后会得到饲养员给予的几条小鱼儿，于是海豚表演每一次都很精彩。受此启发，戴胜益将"即时奖励、即刻分享"注入王品的文化。每次在王品用餐时，我都会提及"海豚管理学"的由来，尤其是招待企业的创始人时，让他们明白利益分享的生财之道。

其二，王品的小资情调氛围，只款待心中最重要的人。一头牛只待六客，烤得全熟的牛排，香嫩多汁。精选牛的第六至第八根肋骨，要是不好吃才怪；用了七十二种中外香料腌了两天两夜后，再不入味儿也实在说不过

去；关键在250摄氏度烤箱烤了一个半小时后还能又柔软又嫩滑，真可谓中西融合。

每次必点的招牌菜台塑牛排套餐中，餐前的蜜桃甜酒微甜；现烤的方块面包用白色餐布包裹着，配上银鳕鱼酱和意式番茄，绝佳搭配，香酥味美。Next，鲜果沙拉。酥皮海鲜清汤或牛排清汤很地道，入口简直倍儿爽。前期几道小吃都是为了把味觉调整到最好，接下来上场的就是招牌菜：台塑牛排，搭配着一块黄色红薯、红酒浸泡的梨子和嫩嫩的西兰花。服务员会先帮客人把牛排剔骨，然后介绍三种经典食用方法：第一，原味品尝，建议先直接品尝，不附加任何调料；第二，牛排配上蒜瓣；第三，牛排加上特色黑椒酱。酸梅汤上得很及时很解腻；香颂玫瑰露的玫瑰花香很浓郁，名字很美喝起来更美。

去年8月份，我在王品款待我团队中的中坚力量，5位同事入职的周年庆，王品特意用花瓣散落在桌子上，清晰可见"2周年"，给同事留下了美好记忆。

特色的餐具，亲切的服务，让人备感亲切。王品优雅的环境，瞬间让你有小资的感觉。

若你没品尝过王品，请不要说你吃过牛排。王品，超出你的想像，也必定颠覆你的想像。

您，想宴请谁？

地址：南京市秦淮区中山南路熙南里
　　　商业街区9号（升州路口）
电话：52326908

秀·爱尔兰吧
——胡同里的IRISH

推荐人：路人甲（自由职业者）

☆ 推荐词：所有美食秉承了爱尔兰人挚爱的风格——精材，清淡，高养。更有浓醇馥郁的IRISH国宝Guinness，甜蜜润口的Baileys以及惠传700多年历史的标志特产Irish Whiskey，还有来自世界各地精选单一麦芽Whiskey。源于产地的纯正口感，会把你变得挑剔。

☆ 餐厅简介：那是一栋大隐于市，退而求静的小洋楼。拾级而上，拉开一扇琉璃木扉，便是拉开了一场香侬河畔的爱秀大幕——一切美好，在经典明烈的红绿色配中，完美演绎。每一个光影斑驳的午后院落，每一次声波流尚的月色露合。那位裙裾飞舞，热情漫溢的bartender与木地板配合着娴熟的踢踏舞步，一总轻轻唤醒熏然其中的你。传递那一份，娓娓诉说着烹饪喜悦与味蕾满足的美酒佳肴。盼顾你我，时光不在。

　　南秀村是位于南京大学与上海路之间的一条小巷子。顺着一个大坡爬上去，右侧一面爬满了爬墙虎的斑驳石头墙上，露出一块路标——南秀村。巷

異域風情

子两侧大都是年代较久的多层建筑，有树掩映，可谓是闹中取静，不熟悉的人很容易忽略这样的巷口。往巷子里走大约50米，可以看到一栋南北排列的民国建筑，很醒目的红墙绿顶小洋房，有点鹤立鸡群的感觉，它就是南秀村29号。据主人介绍小楼建于1946年，已有将近七十岁的年龄。它的前主人，是一名叫郑集的老人，出生于1900年，中国营养学的奠基人，中国生物化学的开拓者，于2010年去世，享年110岁，是目前全世界最长寿的教授。他生前居住的这幢小洋楼也被人们称为"喜宅"，也就是今天的南京秀·爱尔兰吧。

走进去，木质的门，木质的扶梯，宽敞的花园，无论是墙上的各式乐器、高高书架上随意倾倒但又不显凌乱的书籍，还是相框里不同的人物风景相片，都使这里的爱尔兰异域风情显得尤为浓厚，恍惚有进入异国他乡的错觉。

小楼分为两层，一楼设有吧台、桌位、开放式包间，轻快的音乐一直萦绕耳边，晚间还有菲律宾歌手驻唱。一楼外面是一个小庭院，树荫下有的餐位还配有太阳伞，不管是在夏日晚间习习凉风中豪饮，还是在微雨飘落时伞下畅谈，都是一种享受。二楼除餐位外，还有电视机和飞镖等设备，适合各类聚会。还可以在阳台小坐，诉说私语，那是专为放松、欢庆而生的世界。餐吧室外绿树成荫，室内盆栽吐绿，一片生机盎然。爱尔兰传统的绿色，加上室内木头的颜色，昏黄慵懒的灯光，让人感觉仿佛置身于爱尔兰家庭中，感受到的是来自家的温馨与惬意。

在这里用餐没有西餐厅繁琐的礼节程序，就如同在家一般，随意、自由，又有着纯正的西式风味。经好友介绍点了这里的披萨，果然名不虚传。首先它直径22寸的外观彻底征服了我的眼球，迫不及待的吃上一块，我的味蕾感受

到来自奶酪的醇香、肉质的鲜嫩、蔬菜的清爽。扒类菜肴中给我印象最深的是德国烤肠，摆盘大方明了，干净的白瓷盘上放置着卷起的烤肠，不见一丝肥腻。举起刀叉，我能清楚感受到肠衣被刺破时的爽脆，搭配酸爽可口的酸白菜，蘸上咸鲜味美的黑椒汁，细品肉质中特质的香料味道，那滋味，绝对让人称赞。配菜里的番茄被略煎过，土豆泥还讲究地用模子压成心形摆在一旁，口感细腻，有着香醇诱人的奶香和黄油香气。意面清爽不油腻。而那些怕胖的美眉，在这里也不用担心，这儿的金枪鱼三明治，面包是全麦烤制，金枪鱼肉质细嫩鲜美，配着清爽的蔬菜，味美又没有过高的热量，绝对会让你胃口大开。这里的菜肴不仅美味，而且绝对的够份量，每一次我都会为餐盘内食品的大型号感叹，过后又会摸着肚皮满意的感叹人生。

午餐过后，不可或缺的自然是一杯香醇咖啡，奶泡丰富，拉花精美，香气四溢。不管是午后小憩还是促膝长谈，一杯咖啡总能让这段休闲时光流逝得更为轻缓自在。

门口的一句"Shut up,just drink"便能让人感受到这里的酒文化。每天

晚上的九点到凌晨两点，整整五个小时，你要做的，就是尽情品酒。在IRISH PUB里最值得一提的当然是Guinness，它是世界第一大黑啤酒品牌，使用烘焙的大麦酿制，泡沫丰富，口味醇厚，色暗如黑，就连将啤酒倒入杯中，也要有一套讲究的程序，才能打出一杯完美诱人的健力士黑啤。在与老板的聊天里得知在所有的酒中，单一纯麦威士忌似乎是个特例，它复杂，馥郁芬芳，品味之旅如同走在铺满各种鲜花和鲜果的苏格兰山坡上；它简单，简单到只需大麦制作就足矣，因为它所向往的极致，是勾人灵魂的一种酒。浅浅喝下一口，细细感受它的纯粹，一尘不染，通透的酒浆中带着猎人心魄的泥炭烟熏香气。而喜欢单一麦芽威士忌的男人，大多拥有单纯的个性，骨子里透出了专情，他们或许放荡不羁，或许风流倜傥，或许有那么点儿小邪恶，但内在却拥有保守的精神，他们怀揣着流浪的憧憬，拥有着最为纯粹的灵魂。

　　阳光下的南京是忙碌的，月夜中的金陵却是浪漫悠闲的，我喜欢邀约好友，畅饮着醇厚麦芽酿制的健力士，将一天的忙碌宣泄释放；也可以围坐吧台独饮陈年佳酿的单一麦芽威士忌，品味着泥炭烟熏的芳香，驱赶走丝丝倦怠……这里的客人来自五湖四海，正如老板所讲，这里没有陌生人，只有未曾谋面的朋友。

地址：南京市南秀村29号巷内（近上海路）
电话：85439898

南京老友记花园餐厅
——似是故人来

推荐人：Miss、V（南京大学）

☆ 推荐词：沉浸在回忆里的时间总是走得特别快，等回过神来，握在手中的咖啡早已变凉。习惯性地抬眼眺向窗外，越过花园，每个过往的人影，都似是故人来。

☆ 餐厅简介：具有花园气质的西餐厅。以意大利特色菜为主，小资情调浓厚。

多少人憧憬着《老友记》里描述的生活，爱人不离弃，挚友在身边。多少老友，也和剧中人一样就这么走过了平凡无奇的数十个年头。到今天，你懂得我的骄傲，我了解你的偏执，对彼此的熟悉竟可以胜过自己。长久的分

离后，却依然可以在一杯咖啡的光影里清晰地回忆起初次见面的样子。这感觉是幸运而神奇的，当初怎么就在茫茫人海中遇见了你。

以Friends命名的餐厅，正正好好就是体现了这种与挚友畅谈般的自然和亲切。没有张扬显眼的招牌，只是将自己掩在居民区内，以不动声色的姿态等待着有缘人的光临，静静地，叫人有股说不出的温暖。

喜欢在黄昏时登门拜访，树影投射在门前的长椅上，也斑驳了小黑板上的笔画。轻推木门，仿佛怕惊扰了归来的故人。

置身于这样的静谧之中，不免会好奇打量周遭的一切。然而这里的设计仿佛都没有章法，也无规则可循。花园小小的，散落着几副桌椅；院落的摆设也很随意，沿着墙根栽种的鲜艳花朵，角落的几株绿植，几盏提灯，一面墙上甚至挂着趣味盎然的面具，角落还停着辆自行车——看见它时心里便捉摸着大概并不是摆设，而是真的被谁骑来上班，不由觉得可爱至极。

屋内的设计也是别具一格。并不大的空间被拱门巧妙地分隔开，营造出一种回旋折转的韵味；墙上的木架子也使得整个空间立体起来，架子上错落地点缀着小小的水晶灯抑或八音盒。而我最喜欢那面照片墙：一眼看上去是黑白参差的风景，定睛却可以捕捉到每一幅上的鲜艳色彩——恰如波澜不惊的岁月里，总有那一抹亮色丰满了无奇的人生。

桌椅是木质的，深色条纹，质感分明；桌上的摆设也简单，一盏小灯，偶有一株盆栽，也是小小的，绿得充实却不晃眼。就是这无处不在的

细节，一点点将亲切温和的氛围渲染开来，也慢慢地渗透到踏进店里的人的心绪里。

梦里不知身是客，贪这一份闲适的欢。店内的设计也不是一成不变的，不仅逢着诸如万圣节、圣诞节这类的日子会增添相应的装饰；若是隔了一段再去，也会发现某些地方有着细微的变化。

菜单封面的意大利国旗不露声色地明确了店里的菜肴所属。不同于法餐的精致，意大利菜更追求原汁和自然。作为欧洲大陆烹调之母，意大利的菜肴源自古罗马帝国宫廷，有着浓郁的文艺复兴时代的膳食情韵。主料方面，多以海鲜入料理，再辅以各式肉类蔬菜烹成。制法上，最讲究红烩或红焖，且喜加蒜茸和干辣椒，略带小辣；火候一般是六七成熟，重视牙齿的感受，以略硬而有弹性为最佳，醇厚而鲜美。

而与大菜相比，意大利面、披萨、米饭、肉肠（Salami）则更上一层楼。

正统的意式披萨是薄底的，薄且脆，还带着窑烤烘出的面香。既是意大利菜肴，披萨便是必不可少。店里披萨种类繁多，这里择一推荐——弯月披萨，一改传统披萨的样子，别出心裁地做成了个弧度优美的半圆，恰如其名。火腿、蘑菇、番茄等配料铺了厚厚一层，再撒上足足的芝士。烘烤出的成品薄饼带着芬芳的小麦香气，迫不及待切下一块送入口中，面饼的朴实和火腿的浓重杂糅在一起，又隐约带着蘑菇与黑橄榄的特殊香气，妙不可言。

融合了经典主料的意大利海鲜面自然也不可错过：煮意面的火候恰到好处，刚好断生又不至于因烹调时间过长变得软烂。鲜虾、蛤蜊都是经过精心处理的，没有腥气，鲜味却还能完好地保存下来。酱料遵从传统风味又不失新意，点缀的小番茄和香料都无一例外地丰富了它多层次的口味。

如果有勇气尝鲜，可以试试帕尔马生火腿。在长达一年以上的发酵风干过程中，微生物被杀死而维生素被全部保留。食用前切薄片，不需要任何加热的工序，只需在唇齿间慢慢体味它咸中略带甜味的鲜美。

Friends的全名是Friends Cafe，若是下午茶时间光临，一杯咖啡一份甜点，也可以悠悠然畅谈至斜阳西沉。许多人爱提拉米苏层次分明且复杂的口感，而我更偏爱浓郁扎实的布朗尼：一叉子下去最先戳破曲奇样松脆的外表，紧接着就感受到厚重绵软的内里，还未入口就觉得愉快。而等它终于送入口中的那一刻，更是彻底沦陷在巧克力营造的梦幻里，凭谁叫也不肯出来了。

布朗尼味道偏甜，配一杯稍苦的咖啡时最适宜不过了。比如绿薄荷酒咖啡，在浓郁中加一抹激烈，再加一抹清新，妙不可言。

除了咖啡，店内更有各色鸡尾酒供选择。若是菜单上的饮品都不合心意，也可以直接向老板大叔讨教，描述自己喜欢的风味，任他发挥出一杯只属于你的特饮。

对一家店的评判，除了要看它的摆设和食物之外，相比之下更能笼络人心的是感情。正是因为Friends总能叫人想起和旧友重逢的时刻，才格外地讨人欢心。

沉浸在回忆里的时间总是走得特别快，等回过神来，握在手中的咖啡早已变凉。习惯性地抬眼眺向窗外，越过花园，每个过往的人影，都似是故人来。

地址：南京市鼓楼区汉口路陶谷新村4-2号
电话：86617101

斜塔餐厅
——薄饼上的意式风情

推荐人： 庄园（美食编辑）

☆ 推荐词：号称有着"南京最好吃披萨"的斜塔餐厅，岩炉里烤出的薄饼真是爱披萨人的心头好。烤鸭口味的披萨中西结合，迎合了国人的饮食习惯，千层面也是一大特色，喜欢意式美味的你一定不要错过。

☆ 餐厅简介：意式主题餐厅。薄饼披萨极具特色。

与意式美味的不解之缘

对披萨的渴望源于儿时，当时的我还和父母生活在安逸的小镇。

习惯中餐的我偶然一天在电视上看到铺满馅料的披萨饼，那鲜艳的色彩，长长的神奇的拉丝，都在我幼小的心灵留下极为深刻的印象。

"妈妈，能给我做一个馅料在外面的大饼吗？"

母亲对我的提议很是不解，不过出于对想象力的保护，也就一笑了之。

后来，我们移居到城市。

在铺天盖地的电视广告和大街的广告牌上，父母也和我一样知道了所谓的馅料在外面的大饼。虽然母亲一直认为拉丝是面饼不熟造成，但为了满足我的馋虫，全家还是决定奢侈一把，吃了人生的第一餐披萨。那丰富又奇妙的口感，对于小小的我来说，真是人间美味。

那一刻与披萨的不解之缘，已经开始。

古城寻味之行

古城南京，随处都是饱藏时光与故事的建筑。极具中国风，却又不乏各类异域餐厅。

提起披萨，民众心中第一闪现的似乎都是"必胜客"，这个在世界开满连锁店的"pizza and more"似乎已经成了披萨标杆。

可是一个外国朋友告诉我，真正的意式风味要从薄饼披萨中才能真正休会到。

怀着对披萨的浓厚情感以及对真正意式风味的追求之心，我决定去号称有着"南京最好吃披萨"的斜塔餐厅走一遭。

餐厅开在上海路的小坡上，从上海路的地铁出来，一路向前。店面并不起眼，内部却别有洞天、颇具情调。店堂不大，装修却巧妙，天花板镶着明亮的镜子，空间感无限延伸。听说餐厅店老板在国外当过厨师，整个店的口味水准颇高，从餐厅里外国客人的比例就不难看出。为了迎合国人饮食习惯，居然还贴心地推出了烤鸭披萨这种颇具中国特色的口味。

作为招牌的玛格丽特当然不能错过，中西结合的烤鸭披萨也不免好奇的来上一份。再加上口碑颇好的千层面、鸡腿薯条，一顿极具意式风情的大餐就静候上桌了。

意式美食的亲密接触

披萨真的是在岩炉里烤出来的，口感绝对赞，料足味佳、香气四溢，连饼皮也十分香脆。从尖角入口，薄底配上奶酪的柔软，咀嚼吞咽后油然而生一种满足感。超薄饼不是每一家披萨店都能做出来的，尤其是还有着脆脆饼边。烤鸭披萨更是独具中国特色，口感丰富。

"所以说，薄饼披萨才算是真正的披萨么？"闺蜜一边狼吞虎咽一边感叹："这所谓的意大利薄皮披萨，比其他名店好吃太多了。"

千层面算是名不虚传，很舍得用料，厚厚一层芝士散发着浓郁的奶香味，拉丝很好，越嚼越有劲，香醇可口。内部还有牛肉酱混合意大利宽面，肉酱味道刚好，酸酸的很开胃。面的口感软中带一点点韧，一口热热的下去真的让人非常满足。

鸡腿和薯条都是现炸。不同于肯德基和麦当劳，斜塔家的薯条是粗薯条，外部热热的，脆香可口；内部则很好地保留了土豆的软糯。炸鸡腿外皮金黄酥

异域风情

脆，内部鸡肉鲜嫩多汁，吃到底部还有我最喜欢的黑胡椒的香味，真的让人胃口大开。

坐在这样一个弥漫香气的复古餐厅，细细品味着地道的薄饼披萨，在悠悠的乐曲中，空气也变得慵懒。这样的时光，哪怕发呆，都能如此甜蜜。

对于古城南京，一直有着难以名状的爱。从多次旅行至此到最终在此安定定居，这座城市给予我的太多太多。

而关于薄饼披萨上的意式风情，也在我的寻味地图上留下了不可磨灭的一笔。

也许所谓美食就该是这般模样，它所能给予我们的，不仅仅是舌尖上的享受与味蕾的满足。更多的是一种情结，一种回忆。

坐在窗边，回味着刚刚下肚的美食，曾经一家三口享用披萨大餐的温馨场面也不由得浮现在了眼前……

地址：南京市鼓楼区上海路81-7号
电话：15805177575

时刻Snack手握披萨
——新媒体下的创意玩法

推荐人：兔兔（南京财经大学）

☆ 推荐词：新潮的设计，独特的吃法，创新的宣传方式。请跟我读：榴莲牛奶。

☆ 餐厅简介：位于地铁商铺内的创意小吃，榴莲控不得不去的地方。

身为榴莲控，每次看到有关榴莲的美食，总要点一份品尝一番。榴莲酥、榴莲面、榴莲飞饼、榴莲冰淇淋、榴莲披萨……吃过了那么多榴莲口味的美食，总是期待新花样。直到有一天在微信上发现了它——时刻手握榴莲披萨。

榴莲、手握、披萨，光是这个噱头就足够激起人们的好奇心。冰淇淋可

异域风情

以手握，披萨怎么手握？怀着强烈的好奇心，我来到了新街口地铁商铺23号口，拜访传说中的手握披萨。店里一共有两个年轻的伙计，一个负责点单，一个负责制作。看到了菜单，我才发现这里不只有榴莲披萨，还有其他各种口味的手握披萨。当然，榴莲口味是最火的。手握披萨小巧精致，看似一个冰淇淋，大小刚好能够握紧。披萨虽然不大，但榴莲味很足，伴有芝士的

香醇，轻轻咬下，还可以看到芝士的拉丝，绝不逊色广告里那些夸张的美食效果。这里还为顾客提供免费的薄荷糖，以免浓重的榴莲味引起旁人的不适。真的是很贴心啊！

　　这家店铺很善于运用新媒体进行宣传，还会经常举行别出心裁的活动与顾客进行互动，这可能是因为创业人比较年轻的原因吧。这不，店铺运用了"榴莲牛奶"这拗口的四个字，和顾客开起了玩笑。凡是能准确地说出绕口令的顾客，均可以获得店家的奖励。这可难为了我旁边豪迈的四川女汉子，n、l不分的她，反倒毫不羞涩地在店里大声读了起

来，引得卖榴莲的小哥也忍不住笑了起来。除此之外，店铺里到处可以看到晒图送优惠，集赞送好礼的字样，还可以微信点餐，去之前预约，到了直接烤好开吃。这也是手握披萨火爆却不见长队的重要原因，成功的新媒体营销，使得手握披萨能够如此叫座。

新媒体下的新潮吃法，喜欢挑战的你，敢不敢来试一试？

地址：南京市玄武区新街口地铁23号通道口
地铁商铺D06（2号线公交充值点）
电话：15651011317

异域风情

奶酪时光
——总该在某个地方，让美好时光留在身旁

推荐人：崔晓飞（企业市场总监）

☆ 推荐词：每个人都有让自己眷恋、眺望的地方，有一段碎碎的念语，一段如家的温暖，一段思念的酣甜，这便是除了家以外可以让你停留且愿意追随的地方！既心可以在此停歇，岂不与它共成长……

☆ 餐厅简介：休闲主题酒吧。很安静的餐厅，适合与朋友来这里小聚。

静静的午后，习惯了到老地方给心灵一个释放的空间，喜欢坐在那个习惯的位子上，手握一杯清咖，听着一首首抒发情怀的音乐，缕缕折叠起伏的律动，激起一袭心事和念想。可以在一朵花开放的时间里，让浅浅的忧伤或是淡淡的温暖潮湿了自己的衣裳，如同梦遗失在了桃花丛中般，而我将美好时光寄存在了这个地方，而这个老地方便是奶酪时光。

　　轻轻倚在窗前，记忆如水般清澈，触动着柔软的心绪。或许九年没那么长，可是我从未忘记最初踏进南京这座城时，它带给我味蕾上的满足之余，也让我的心灵在累时找到了停歇的地方。奶酪时光，初遇时我还是学生样，而它亦是静静地坐落在高楼门路旁。二层小洋楼的民国建筑，是南京首家用民国建筑和现代绚丽色彩完美结合的休闲西餐厅。浪漫而温馨的环境，美味而可口的餐点，贴心而周到的服务，无不让我对它恋恋于心。从学生时期的周末时光，到与恋人约会的难忘时光，再到如今举家相聚的温暖时光，奶酪时光做了最完美的见证。从高楼门，到云南北路，再到现在的新街口，奶酪时光在全国已有25家门店，每一个新生的奶酪时光我都在追随。最爱的披萨，饼底香酥而不硬，饼内新鲜松软，奶酪用的是世界知名品牌安佳奶酪，香而不腻；超人气的海鲜饭，色、香、味俱全的异域美食；还有那让我心动的牛排；下午茶必点的咖啡，淡淡的苦涩后回味清甜……这些触动味蕾的美食，我追随了九年那么久，一直不曾忘，只因为在这里留下了我人生最美的时光。

　　如今，牵着时光的手，追随着奶酪时光的脚步，轻轻走过每一个新的门楣。奶酪时光，如火如荼地绽开在南京这片土地上，新的生命，新的生机，纷至而来。而我，依旧会在累了的时候，回到最初相识的地方，坐在窗前还

心灵一份安祥。不同的服务员，也会像懂我似的相视一笑，为我端来一杯香醇的清咖，原来她们每个人清晰记得我钟爱的味道。桌角企业报上"用良心做好每道菜，用爱心服务好每个人"，成为用奶酪传递

美味与健康的幸福餐饮标杆企业。最让我动容的是他们也在用行动诠释这句话的价值所在，并指引着自己前进的方向。

日子总是匆匆溜走，紫陌红尘，世间千媚百态，民间多少茶坊，唯有这里刻在了我的心房。静下想想，我们每个人都有个让自己眷恋、眺望的地方，有一段碎碎的念语、一段如家的温暖、一段思念的酣甜，这便是除了家以外可以让你停留且愿意追随的地方！既心可以在此停歇，岂不与它共成长……

地址：南京市秦淮区汉中路89号金鹰
　　　国际购物中心B座6楼
电话：88816668

心灵食堂

半坡村
——17年历史的沉淀

推荐人：崔凌睿（文艺背包客）

☆ 推荐词：17年历史沉淀的咖啡馆，几经风雨，这里承载故事本身就是一本书。半坡村的历史与很多文化圈子的名人息息相关，很多叱咤风云的名人都曾出现在这里。

☆ 餐厅简介：现在的半坡村由一个台湾大姐经营，她第一次来南京就选择为这家咖啡馆留下来，因为她在这里找到了台湾明星咖啡馆的感觉。新的主人为半坡村带来了新的血液，现在的半坡村更多是大学生的天堂，还有很多创业扶持的项目在这里开展。

青岛路32号的半坡村是南京的一个文化地标，走过 17年历史，换了6任经营者，历经沧桑，却屹然不动。相对中国咖啡馆的短暂发展史，17年已经很长了，在南京，这样一家咖啡馆算得上是有绝对发言权的老人了。

带着十二分的好奇和心底油然而生的敬畏，走近半坡村，去了解发生在这里的故事，却又在了解的越多后越迟迟不敢动笔，总觉得那份历史的厚重感自己无法承载。这里的吧台、地板、楼梯，一桌一椅，乃至墙上的画、墙角的钢琴，角角落落都是历史的见证者，看过辉煌，也经受过落寞，一路走来，风风雨雨。

走近半坡村

半坡村有很多珍贵的老照片，翻看这些照片感觉就像在听一个老人讲故事。20世纪90年代的南京还没太有咖啡馆的概念，西餐厅也很少，半坡村在文人、艺术圈内的名气非常大，是他们经常聚会的地方，现在很多文人艺术家对半坡村还是记忆犹新。

那时半坡村还会定期举办很多文化活动，创办者郭海平先生当年的"三米画廊"就是一段佳话。将对外的橱窗改成展览的窗口，每个月定期都会有画展，半坡村不仅仅是一家咖啡馆，更像是一个艺术馆。

时间一晃，过去了这么多年，半坡村那扇居家公寓式的玻璃门，却始终没有变过。从这样的小细节就可以看出半坡精神的延续，咖啡馆不同于一般餐饮行业，低调内敛，靠的是人文环境和艺术气息取胜，有时候会觉得咖啡馆是城市荒漠中的绿洲，能让人感觉到一种大隐隐于市的静谧。

推门而入，会有一种穿越历史的感觉。昏暗的色调，悬空挂着的老式汽

灯，厚重沉稳的扶手楼梯，挂满油画的墙面，摆满各式洋酒的老式酒柜……

　　这里很适合寻宝，角角落落都尘封着历史的故事。这样的旧式打字机，恐怕我们这个年龄的人真的很难见到，这样的宝贝都可以陈列在博物馆中了。后边的蜡烛摆台恐怕店里有不下百个，每一个样子都不同，不知是哪一任老板出于爱好一个个收集起来的，晚上每一桌都会点一支蜡烛放在摆台上，这样的情调现在很是难得了。

　　这里的洋酒品类算是很全的了，晚上来这点上一杯鸡尾酒，放松下疲惫了一天的身心，是一个不错的选择。也许提到酒吧，大家普遍会想到1912的酒吧街，但是过于喧嚣的闹吧，真的只适合很多朋友狂欢的时候去。平日里一人独行或者三两结伴，还是来这样的清吧安静坐会儿或者聊聊天比较惬意。现在晚上还会有歌手现场驻唱，大都是民谣风，这里的舞台曾经还是李志呆过的地方，感觉上就很是不同。

今日半坡——苦心只为保住"文化地标"

半坡村一路走来，跌跌撞撞，并不容易，咖啡馆就是一个外表看起来很光鲜亮丽，但身在其中才知心酸的行业。就在今年的一月份，半坡村也差点因为收益不佳而被转为酒吧，眼看着这个文化地标差点就此消失，一位来自台湾的58岁的大姐接下了它。第一次来大陆，就决定留下来，并且把这家店经营下去，原因很简单，她说她在这看到了台湾明星咖啡馆的影子。"如果17年历史的咖啡馆就这么没了，太可惜了。"她会热情地跟店里的每个人交谈，介绍店里的历史、特色，每天都精神抖擞。店里的人笑称她是打了鸡血的老佛爷，不过喊得最多的称呼还是刘姐，刚好跟名字"刘杰"谐音，刘姐还常开玩笑说我这名字赚到了，占多少人便宜呀。

现在的半坡村在重拾昔日的艺术辉煌，又吸引了一帮艺术圈的人士聚拢过来，最近有旅美艺术家萧宽志的印象音乐会和油画展出，所有展出的油画接下来都将送到深圳义卖，筹集的款项将全部捐助粉红丝带基金会。除此之外，老弟兄歌友会也重新回归半坡村，现在每天晚上从青岛路经过都会听到现场的吉他弹唱，夏日的傍晚坐在门口听听音乐喝杯啤酒，很是惬意。

半坡村另外一个很重要的身份标签，就是南京大学的大学生创业基地，这里给有梦想的年轻人搭建了一个很好的施展自己才华的舞台。刘姐也很热心地帮助有需要的大学生，除了承办大学生创业文化节，帮学生寻找支持资源外，店里也给大学生提供了一个很好的实践和接触社会的平台。这里的服务生基本上也都是大学生，通过这样的方式接触社会，实现自我锻炼和提升。

半坡美食推荐

延续历史，也要推陈出新才能跟得上时代发展的脚步。半坡村在之前餐品的基础之上又多了些特别之处，那就是台湾的老板带来的台湾特色、海尼根绿茶、海岩咖啡、松饼或者爆浆鸡排……

半坡村特色的爆浆鸡排，跟一般的鸡排不太一样，切开后流出来的全是芝士，香气满口，鲜嫩多汁，也是伴随着现在的台湾老板娘才进驻半坡村，进驻南京的。目前在南京能吃到正宗台湾爆浆鸡排的估计也就只有半坡村这一家了。

特色饮品，海尼根绿茶，同样缘起于台湾，是消暑的佳品，喝起来清凉爽口。不过因为是啤酒调制成的，虽然度数不高，但也要考虑下自己的酒量哦。

半坡村的咖啡，这古董咖啡杯子也是很有历史感了。现在在传承历史的同时还会融入一些新鲜的元素，比如现在特推的海盐咖啡，在热咖啡的上边浮着一层冰冰的海盐奶泡，一口喝下去，先是凉凉的咸中带甜的海盐，然后才能喝到咖啡。入口后，海盐与咖啡交融，让人回味无穷。

这就是半坡村，来这感受到的会是17年历史沉淀的厚重感和台湾前卫文化的冲击，在南京，应该算得上独一无二了。

心灵食堂

地址：南京市鼓楼区青岛路32号
电话：83324627

青果
——寻梦的味道

推荐人：念青（旅行、美食爱好者）

☆ 推荐词："我希望这个地方可以温暖和激励这个城市中最有梦想的一群人，为这个城市留住未来。"

☆ 餐厅简介：秦淮河畔的怀旧风格小店，小文艺的聚集地。安静的空间适合约朋友聊天。

"梦想，是另一个世界。

梦想很贵，所以免费。

这不是我们的生意，而是我们的一场旅行。"

梦想，考验的不是你的想法够不够大，而是你够不够胆量来实现它。

秦淮河畔一个别致的角落：六万斤旧木头拼接起桌椅板凳，一万多块旧砖铺成可活动的地板，两麻袋锈钉子钉出了风靡南京的LOGO——TINGOO青果。

这个叫青果的地方，在用它的方式，不断探知自己的可能性和宽度，它告诉你：只要你有梦想，那就放胆来吧。

青果，我来了。

忙碌一天，拖着疲惫的身体，最想去可以放松自己的地方，点一杯香茗，望着窗外，放空自己。

把车停在人声嘈杂的白鹭洲公园，穿过灯影闪烁的秦淮河，来到梦想的聚集地——青果。

六万斤旧木头拼接起桌椅板凳，把空间分割，色调温暖，风格统一。

小众却舒心的音乐，随手可及的书，放缓时间的步调。

点餐前、就餐后，安静地阅读，穿越时间的纸质让心渐渐平息。

简单，却用心的食物，感受味道对你的占领。

匠心独具的青果放映室、精致的小舞台，在这里，找到不曾看过的自己。梦想，我在青果。

对于青果的创始人唐宁军而言，青果不仅是一间茶馆，更是一个空间。

在这个空间里，有着唐宁军的期待，他期待遇见更多和他一样有梦想的人。

唐宁军的名片两面都印有"梦想"二字。一面是"梦想是另一个世界"，另一面是"创意精神传动梦想"。

每个有梦想的人想在青果找到的东西不同，但是有一个是一样的，就是对梦想的执着。

累的时候、想要放弃的时候、遇到挫折的时候，来青果坐坐，想想它的梦想，想想它是怎么坚持自己梦想的。

"我希望这个地方可以温暖和激励这个城市中最有梦想的一群人，为这个城市留住未来。"

这是唐宁军的梦想。

TINGOO青果将店内的空间切割成了很多不同的功能区：它免费为独立音乐人提供演出场地；为绘画、摄影的独立艺术家提供免费的展厅；为独立导演提供免费的放映空间；同时还为手工、义学创作者们提供寄售。当然，这一切只是因为梦想。

地址：南京市秦淮区夫子庙大石坝街32-3号
电话：84586867 84586231

金陵书苑
——一个发现世界，找寻自我的书吧

推荐人：大沛沛（文学爱好者）

☆ 推荐词：在这样一个充满文化气息的书吧里，有咖啡浓郁的香气伴你度过美好的阅读时光。精神和舌尖都得到充分满足，实属人生一大乐事。

☆ 餐厅简介：金陵书苑首家门店——"墨香苑"位于太平门街53号，以阅读为主题，人性化布局，向广大市民提供免费阅读服务。读者可在咖啡、茗茶和轻音乐的陪伴下，享受轻松悠闲的阅读时光。

　　六七月间的南京因为断断续续的几场雨倒是没了"火炉"的气势，马上要卷卷铺盖离开学校，走向那未知的职场，总会提醒自己这是最后的自由时光。生活中的很多改变会让人有点失落，有点茫然。没有改变的是，依然留在这座城市。想想未来，突然发现对这座城市熟悉却又陌生。在这样一个雨

后的上午，一个人漫步在玄武湖边，吹吹风，数数自己的脚步，好像有很多事情要想，又好像什么也没想。不知不觉走到太平门，本想着再顺道爬去紫金山顶让自己清醒清醒，却又觉得步伐沉重，有点累。这时候街边一处特别的存在吸引了我，它好像不应该属于这条街，但又莫名觉得它必然属于这座城市。走近一看，金陵书苑，从大大的落地窗往里看见一排书，很诱人的样子，我毫不犹豫地推开门一探究竟。

习惯性地选择了一个靠落地窗的位置，立马窝进长长的舒适的沙发，解放自己的双脚。黑色的大理石桌上贴心地立了几本书，随手拿起一本，是莫言的《檀香刑》，一翻目录，章节名就很对我的口味，"媚娘浪语"、"赵甲狂言"……心中竟燃起一种一见钟情的窃喜。这时候正对面尽头处的吧台飘来淡淡的咖啡香，前排座位的姑娘正喝着一杯咖啡，我这才意识到是不是应该点个单。翻翻自己挎包里的钱夹，实在是担心误入一个无法负担的高消费场所。这时候服务小妹走过来递给我一杯白开，她梳着高高的马尾，是我喜欢的整洁清爽的感觉，笑容明媚亲切，让人心情舒畅。我瞥见邻座的一位老人，静静地看着书，桌上只是一杯白开，原来在这里不消费也可以享受阅读时光，对于我来说，真是个暖心的地方。无意中看见左手边墙上挂着"南

京市全民阅读工作站"的牌子，心中更加坚定了这个书吧属于这座城市的想法，由内而外地属于。

翻开桌上两个本子，一个是用来点单的，但是菜单里也有书单，第一次遇见这样的设计，翻到一边点些吃吃喝喝，翻到另一边可以看到年度可供阅读书目，真是物质与精神食粮的双满足啊。另一个小小的册子打开更是惊喜，那里有不同的人写下的不同的字，来过这里的人，有些人在本子上留下了自己的心情，感觉突然进入了好多人的故事，懂或不懂，终究算是路过彼此的世界。我忍不住提起笔在后面空白页留下了自己的心情，那是曾经只有自己对自己说的话，现在写出来，给再来这里的人看，这是一种神奇的倾听与交流，似乎遥远，似乎亲近。

虽然没人要求我点单，不过我还是忍不住好奇翻看起桌上的菜单。打开菜单，瞬间从文学世界闯入另一个美食世界。茗茶、咖啡、甜品、简餐应有尽有，看起来精致而美味，亲

民的价格也瞬间打消了之前担心消费过高的顾虑。点上一杯自己最爱的香草拿铁和一块原味芝士蛋糕后，我开始挑选陪伴我度过阅读时光的好书。

书单上张小娴的《谢谢你离开我》引起了我的注意，旁边有个阅读向导在书架边帮一个时尚小伙儿找书，真是贴心周到。我也起身走到书架旁，请原谅一个即将离开校园还有一点情感梦想的女孩子的矫情，我在一排排书中搜寻着张小娴的《谢谢你离开我》，拿到之后迫不及待地翻开，总觉得能在其中找到些许安慰。"想起那个离开你的人，想起那张在记忆里早已模糊了的脸，你会感谢他的离去，是他的离去给你腾出了幸福的空间"，突然就释然了，突然就明媚了。

放下手里的书，我还想走到里面去看看，我是个纠结的人，总会因为坐在哪里而纠结，喜欢大大的落地窗边，也想尝试安静的角落。走上台阶，有一个大圆沙发，心里暗自打算下次 一定约上几个姐妹一起来，围坐在那里，看看书，聊聊天，谈谈各自是否安好。我找了个角落处发了会儿呆，发呆是一种奢侈，却也是一种珍藏。

服务小妹端上我点的咖啡和蛋糕，馨香甜蜜的味道扑面而来。香草拿铁奶味很足，苦味较少，加入的香草糖浆口感清甜，非常适合像我一样的女孩子饮用。轻轻啜饮一口，拿铁香醇的味道在舌尖上蔓延开来，将近日的疲惫

一扫而光。芝士蛋糕的味道香浓，口感顺滑，甜而不腻，配上香草拿铁真是一种难得的美食体验。想不到在这个主打文学的书吧里，也能尝到如此美味精致的咖啡甜品。看来书吧不仅在满足来客精神需求上做足了功夫，同时也不忘将满满的心意注入到物质食粮中。

恍惚到了中午，旁边的一对年轻情侣点了份意面，两个人一起吃，轻声说着话，时不时开心地笑，感觉也才十八九岁的年纪。作为一个二十好几的人，还是由衷地在心里来了句，年轻真好。

走出书吧，感觉身后有一个开阔的世界，而心中已然有了个明确的自我。

地址：南京市玄武区太平门街53号
电话：83203516

瓦库
——慢下来，听瓦库讲述时光

推荐人：艾草（蒋洁，家庭报记者）

☆ 推荐词：在瓦库，只想我个人一起静静地品茗，静听片片青瓦讲述时光的故事，然后被瓦拥围着慢慢老去。

☆ 餐厅简介：安静而古朴的茶馆。观景，思考，休憩的好地方。

应该是三年前吧，初识瓦库是在一个晚秋的雨后。老砖、旧瓦、老木头、旧瓦罐以及处处独具匠心的摆设，才知道河西富春江东街藏着一个如此安静隐秘的地方。

抬起头，先看到了瓦，然后看到了更高远的天空，内心一片空灵。走进瓦库，看到一片瓦挽着另一片瓦，一片瓦嵌着另一片瓦。原来，这里不仅仅是一个喝茶、吃饭的地方。

瓦库里各式各样的瓦，还被写上了温暖的寄语。青石板的桌子、木头椅子，一步一景、一景一感，尽皆天然。昏黄的灯影下，绿植的气息，水流的声音，轻淡的耳语，幽眇的音乐，都能让人的脚步慢下来、心静下来。在这里，吃饭、喝茶、谈天说地，哪怕静静地坐着，都是一种轻松的享受。

水里游着的鱼儿，阁楼玻璃窗外的木头船，似乎都在诉说着时光的故事。身临其境，有种身无一物的感觉。在喧嚣的城市，还能找到一个让灵魂柔软的地方。

端起茶杯，丝丝缕缕的光线折射在瓦间，和好友谈着上弦月、下弦月的诗意，不禁笑了。一个个贴瓦矮墙与青砖地面砌造的清澈空间，丝竹之声随着半明半暗的光影一起洒落在周围。静了，慢了，也空了。

与瓦为伴的夜晚，变得缓慢而温柔。覆瓦的屋顶和矮墙，弥漫着一种古旧的苍凉，使本来习以为常的乌龙茶，在小小的青花瓷杯里，都获得了玄妙的时间气质。我由仓促而至安适，由尘世恍然进入了另一重空间。黯淡鳞片般丛叠的瓦，是一种时光交替的事物，有着素面朝天的肃穆，却能承载时间所有的浸染。它不张扬，却令人获得一片从容之感。我喜欢瓦，喜欢瓦的象形字，喜欢素雅宁静的的瓦库。

在瓦库墙面上挂的摄影作品中，看到三千多年前，在陕西岐山，第一片瓦铺上屋顶。那种最原始的瓦，有一种混沌的青黛，是阴天时远山的颜色，可谓瓦黛如眉。

越是粗朴本色的事物，越是包含着目不斜视的果决。任何一种令人凝神的美，都不是刻意雕镂的结果，瓦库就是这种不刻意却处处体现老板的独具匠心的地方。

那个雨后，有着丝丝凉意。站在阁楼，透过玻璃落地窗，能看到室内瓦面上的细细水流。声如花儿饮露，清脆而有序；又如琴瑟之音，不绝如缕。这种历久弥

坚之感，是如此温情而绵远。在瓦库安静坐下，品一盏香茗，一时恍惚得不知自己是处在时间之内还是时间之外。茶与瓦的结缘，是雅、是趣，更是一种禅意。只有茶与瓦相配，才能共生出至幽至美的佳境。在瓦库喝茶，跟在其他地方喝茶是不一样的，一切都是那么静谧安然，一颗心被时光浸润得柔软温润，哪怕再嘈杂纷繁的事物都会变得简单轻巧，留下对岁月时光极长极长的念想。

当我漫步静听墙上每一片瓦的声音时，我也在瓦库留下了属于自己的一片瓦。从今以后，我和瓦库有了至密的联系。我的思念、牵挂和爱便有了寄托，也因这个看瓦的地方，我与城市就有了具体而真切的亲近。

这些温暖的记忆，都会缓慢地在时光中行走。在瓦库，只想找个人一起静静地品茗，静听片片青瓦讲述时光的故事，然后被瓦拥围着慢慢老去。

地址：南京市秦淮区中山南路323号熙南里
电话：87715959

STARRY NIGHT
——梵高式的纯粹仰望

推荐人：李子核（南京大学）

☆ 推荐词：小巧精致的一家咖啡馆，隐匿在街巷中，等待着有缘人和它不期而遇，懂梵高的人会懂它，看过《Starry Night》这幅画的人更会懂它。

☆ 餐厅简介：白色的主色调，普通的小圆桌，配上两把椅子，白净得仿佛要隐没到墙里去，墙上挂着一些咖啡的装饰画，成为了素雅之中的几抹活泼的点缀，这里适合发呆、适合思考人生。

和那些装潢精致充满了小资情调的咖啡店相比，STARRY NIGHT的好在于它的小巧和纯粹。门面不大，仿佛调皮的孩子隐藏在街道中，只等待着与那些有意寻找的人相遇。它不豪华，也没有突兀的风格，却弥漫着一种清新、纯粹的生活气息。那种舒适的温暖，就好像是寒冷的冬日里与家人一同围在暖炉喝茶闲谈一般。

熟悉梵高的人都会知道，这个店名，取自梵高的一幅传世名画《Starry Night》。而要真正了解这家小店的纯粹内在，就要先懂得这幅画的奥妙。

梵高的画，《Starry Night》，纯蓝色的天空，大而明亮的漩涡状星星，下面是一片温馨而静谧的村庄。创作它的时候，梵高已经处于精神混乱的状态。晚上，整个圣瑞米都睡着了，而他还在窗边静静地看。还是那个熟悉的山丘，天空中还是有大片的云朵在流转，一段一段像向日葵一样的星辰自顾自的翻涌着、美丽着。这种构图的别致，色彩的冲撞，尤其是画中包含着的那种孩子式的天真与纯粹，能让观者在看到它的第一眼就被深深地吸引，恨不能一头栽进这场奇幻的境遇之中。他的笔触，像是一种不甘于沉沦的对抗，一团永不熄灭的火焰，一股生生不息的力量，这也更是他内心的激情及挣扎的真实写照。"疯"是一种纯粹，也许梵高疯了，所以，他看到了那样华丽的星空。而生活在现代都市中的我们，很多时候却不敢纯粹，我们为了生命中的是非与爱恨做了太多委屈

的妥协。星夜每天都有，你可曾好好地仰望过它？你的心可曾有过那么一瞬间为夜空那辽远而充满神秘的美所折服？天真的人才能看到最美的东西，而我们早已习惯于披一身成熟的外衣，却在不经意间一点点丧失掉对美的鉴赏能力。

　　刚走进店门，映入眼帘的就是这蓝白相间的夜，正因如此，它不再是一面平平常常的白色墙壁。它有了包围性的弧度，一点一点向你聚拢过来，仿佛那些闪亮的星星和螺旋状的云就在你的眼前，甚至会引得你沉浸其中，不禁要伸出手来，去摸索，去寻找。可见，STARRY NIGHT的店主对这幅画是如此的情有独钟，以至于把一整面墙都绘成了星空。

　　STARRY NIGHT的主色调是纯净的白色，白净的仿佛要隐没到墙里去。墙上挂着一些咖啡的装饰画，成为了素雅之中的几抹活泼的点缀。我当时就坐在这里，直直的看着面对的那幅壁画，梵高和他弟弟提奥的种种涌入脑海，像他那样的天才，拥有着最为纯净的童心，可以穿透生活的种种假象直视其最为精美的本质和内里，却就是如此的命运乖蹇……我想得出神，竟发觉自己泪湿眼眶，于是将目光从那墙上一开，端起面前的咖啡，喝了一口。

　　店里有一块小小的告示板。简简单单的黑板，上面有童稚风格的随意涂鸦，更增添了一丝亲切之感。小店的老板非常热情，通常会一边做东西一边和客人聊天。我在这喝的第一杯金牌特浓奶茶，是全糖的，感觉略甜了，老板笑着解释说："我们这里，一般第一次来都会放全糖，以后再来就会有数了。"我笑了一下，既觉得奇怪，又觉得有趣。他怎么就知道客人一定会再来呢？直到我手里的杯子一点一点变空，和朋友起身走出店门的时候，我意识到，我的确会再来……STARRY NIGHT，它不是奢华或者神秘的地域，让人想要抱着猎奇的心理尝尝鲜，它是平实的、纯粹的，它就是生活本身。仿佛餐桌上的一碗热汤，一口就暖到胃里，让人感到踏实而舒适。

STARRY NIGHT是口味纯正的港式奶茶。这里的招牌饮品是金牌特浓奶茶，刚入口就有特别浓香的奶味，随后茶香的清新感也会慢慢散逸出来。金牌鸳鸯奶茶也是很多人的首选，这一款一定要趁热喝，第一口最为香醇，会让你惊艳。此外，这里的柠檬冰红茶酸甜可口，适宜饭后喝，十分解腻。

小店经常放一些别有情致的曲子。在我愉快的时候，疲惫的时候，难过的时候，会经常到这间小店，要一杯奶茶，一边喝着，一边欣赏那幅永远看不厌的画，痴迷于这种纯粹。耳边，Mclean在温柔的唱着"Starry starry night（繁星点点的夜晚），paint your palette blue and grey（把颜料调成灰白和淡蓝），look out on a summer's day（往窗外看那个夏日的时光），with eyes that know the darkness in my soul（你的眼，将我灵魂里的阴郁看穿）…"

星夜本就很美，生活不外如是。

地址：南京市鼓楼区湖北路68号味洲市场2号
电话：57717163　15366164563

61House
——给心灵一片净土

推荐人：千只鹤（一个怀旧的少年）

☆ 推荐词：在这个信息爆炸、利欲熏心的时代，有多少人还能够静下心来听听时代车轮碾压下的少年梦，不论生活这首歌多么难唱，也要驻足深情地一声：爱过。

☆ 餐厅简介：酒吧距离南大和南师大都比较近，顾客主要是学生，因此酒吧氛围很好，并不像其他酒吧那么乱，适合与爱人约会或与朋友小聚。值得一提的是，酒吧经常会有乐队表演，音乐发烧友一定要时常关注酒吧信息哦。

　　酒吧对我来说并不是一个陌生的词汇，但随着工作越来越繁忙，空闲的时间越来越少，我去酒吧的次数也就没有像从前那么多了。跟朋友小聚

也都只是选择在相对安静一点的咖啡厅里，对于酒吧这种地方也逐渐失去了兴趣。

前段时间，在一个朋友的怂恿下，我破例陪他去了一次酒吧，里面吵闹的音乐声让我感到头晕目眩，后来跟朋友打了招呼就直接回去了。想来可能是太长时间没去过酒吧的缘故吧，身体都已经开始不适宜了。想着想着不由得想起自己在南京时经常去的酒吧。

它的名字叫做61house，在南京大学附近，位置还算好找。这是一个典型的清吧，正门前面木质的造型上挂着形状独特的"61"标志，晚上的时候，标志会发出白色的光，看起来清新脱俗，这就是酒吧的大门口了。

走进酒吧，一下就被里面的氛围感染了，远处是一个舞台，据说舞台上经常会有乐队和一些名人演出。酒吧里，人们三三两两地坐着，有的在吃东西，有的在喝酒，有的在聊天……总之，很安静，是普通酒吧里少有的那种安静。我和朋友坐定，当时人并不多，于是就和店里的人聊起天来。

经他介绍，61酒吧的本意原是livehouse，因为恰好在汉口西路61号，所以取名叫做61house。在这个500平米的地下室里，曾经有过很多感人的故事，它承载着61house里的一群人的梦想。最开始的61house充满着摇滚的元素，我本人也是一个很喜欢摇滚的人，因此也被他的话吸引住了。有些

人会在酒吧有活动的时候志愿到酒吧里帮忙，只是单纯地出于对61的喜欢和对摇滚的热情。听过他的介绍，我也开始对这个酒吧产生了兴趣。

后来，在没有朋友陪伴的时候，我也会自己来酒吧喝喝酒，吃吃东西，慢慢认识了一些酒吧里的常客，跟他们一起聊摇滚、聊生活、聊梦想。慢慢地我也开始喜欢上这个酒吧了。

酒吧里食物种类不多，但是味道却都还不错，意大利乡村披萨味道还算纯正，想在酒吧吃饭的朋友可以考虑尝试一下。芝士土豆泥也算得上不错的小吃，可以在欣赏表演之余来上一盘，也别有风味。酒吧里食物价格都比较便宜，总体看来，确实是少有的经济实惠，又给人感觉非常好的酒吧。

由于工作原因，离开南京已经有半年的时间了。如今又一次回想起自己在酒吧里度过的日子，不禁要感叹白驹过隙。酒吧于我及我在酒吧认识的人而言，已经不仅仅是酒吧这么简单，它是历史，年轻的历史，是曾经为音乐疯狂过、为梦想执着过的奋斗的历史。酒吧现在变成了什么样？现在酒吧里出来哪些新鲜的面孔？年轻人，趁着年轻，趁着梦想还在，奔跑吧！

心灵食堂

地址：南京市鼓楼区汉口西路61号（宁海路口）
电话：83205979

若客咖啡
——一杯叫做若客的味道

推荐人：铁甲小象（拿铁控）

☆ 推荐词：当我们已经渐渐习惯在淘宝购物、嘀嘀打车、搜房选房，一种新的颠覆生活方式的餐饮业态已悄悄席卷而来。下午三点，工作间隙拿出手机点杯拿铁咖啡，释放一下奔行了半日的大脑；走在校园，偶遇心仪的她，拿出手机定位地址点杯土豪奶茶，30分钟内向女神表白……这可不是天马行空的胡思乱想，南京恰恰有这样一家不走寻常路的咖啡馆，以互联网思维卖起了咖啡饮品。

☆ 餐厅简介：互联网创意咖啡店，店内经常会有很多主题沙龙。是与朋友聚会的好去处。

　　一座城市，它可能是张爱玲笔下的倾城之恋，战火成全了白流苏的伤怀；它可能是陈奕迅歌里的念城，我来到你的城市，走过你来时的路，长满

怀念。我生活的城市——南京，是一座保守而温暖的城市，它承载了无数的荣耀与伤痛，欢愉与情怀。有些人会用音乐去记录这座城市，有些人喜欢用画笔，而我独爱美食记忆。

儿时的南京是城南街巷一声声叫唤的糖芋苗，是柴火气味十足的辣油小馄饨；少年时，南京是遍布各居民区的盐水鸭店，是夫子庙特有的凉粉味道；工作以后远离故乡，味觉记忆似乎被各种会议、报告、出差冲淡，大约只有无数次加班熬夜中，默默陪伴的咖啡味了吧。

有时候，我在想，到底是我们变了，还是南京变了？城市变得越来越繁华，高昂的房价，呼啸的豪车，生活让我们变得浮躁不安。越来越多的物质包裹下，似乎想证明着自己是个幸福的人儿。庆幸的是，生活消磨了我一个又一个棱角，却独独恢复了我的味觉，一种工作中养成的对咖啡的味觉。

2013年，回到南京，只为陪伴在家人的身边，慢慢发现，不仅工作难以做取舍，对咖啡的依赖和欢喜更难自抑。众人皆说每座文艺的城市，都有一个响当当的咖啡馆，北京的雕刻时光，苏州的猫的天空之城……而南京，这座号称淘宝购买地图中，最爱购书、最具文化气息的地方，却独独缺少一个属于这座城市特有气质的咖啡馆。我曾在每个假日的午后亦或傍晚，和闺蜜一家一家的去探寻，从宁海路到陶谷新村，从青岛路到成贤街，大约只有已经变质的半坡村还在提醒着我们，南京也曾有间咖啡馆。

今年5月的一个傍晚，无意间散步到石头城遗址公园，在洋溢着静谧气息的石头城路上邂逅了这家叫做若客的咖啡馆。或许是出于咖啡客的本能，推开门，点了一杯拿铁。店面不大，只有5张桌子，慵懒的橘色灯光，原生态得近乎于古董的木质桌椅，帅气的咖啡师全程专注的磨豆、压粉、打奶泡、拉花，时间似乎瞬间放缓，随着淡淡的背景音乐声，慢慢流淌，温暖而美好。

有些人认为咖啡馆提供什么样的咖啡不重要，只要地段好，就算只有劣质的咖啡豆也会人流如潮。我实在无法认同这样的想法，若客的店主应该也是同样。可能是因为若客咖啡的味道太过迷人，一口下去，香气热度都恰到好处，回口竟然还有丝丝花果的香气，不觉连续三日光顾，得以偶遇神秘的店主——一位懂咖啡懂生活的大女孩，一起探讨了关于南京、咖啡、生活以及若客。

爱咖啡之人可能都知道，中国最早的咖啡豆是在几百年前由法国人移植至位于云南若客来的小山村，从此云南小粒咖啡随着历史的长河和时代的发展逐渐为外人所示，而若客咖啡的店名也由此而来。当很多人对小粒咖啡的认知还停留在满丽江城里的速溶咖啡伴手礼时，店主已默默研究并深入咖啡种植农场许久，经过多次试验拼配出适合意式咖啡机器的小粒咖啡豆和手冲咖啡单品豆。这该是个多么"固执任性"的姑娘，才能一个人独闯云南只为找到自己幻想中才有的咖啡味道！

店主说她想寻找一种带有南京印记的咖啡，为所有同她、同我一样曾经或正在奋斗在写字楼的小白领们提供温暖内心的味道。我很惊讶，这样的咖啡到底是什么样子？直到喝下一口，包容、内敛，然后是慢慢散开的香气迅

速升华为味蕾上的欢愉，感觉像是在跟自己喜欢的人恋爱一样，一下子就爱上，内心欢呼雀跃。我想这种慢幸福和快幸福交替出现的感觉，也许就是店主所说的南京味道吧。

一个土生土长的南京姑娘，一群谨记初心的追梦人，一个与时俱进的移动互联网咖啡店，这些都是若客咖啡的标签，在这条生活气息弥漫的老街，静静绽放。如果你来南京，如果你也跟我一样热爱咖啡，若客一定也会成为你旅行攻略上隆重的一站。如果你在南京，如果你也同我一样奔波于生活，那不妨来若客咖啡，让忙碌的生活偷瞥闲。

地址：南京市鼓楼区石头城路69号
　　　　（近北京西路南京艺术学院）
电话：18551810760

3 Coffee
——让时间慢下来

推荐人：石如梦（南京大学）

☆ 推荐词：它坐落在上海路的一家独院二层小楼，没有华丽的外表，却有一种质朴、内敛的气质，适合一人独处或者约个蜜友聊聊心里话。

☆ 餐厅简介：怀旧主题的咖啡厅，也供简餐和咖啡，传说中南京小资文艺青年必去的地方，很多人还会从其他城市慕名而来，一定意义上也已经成为了南京像先锋书店一样的地标性的目的地。

　　每一座城市，总有一条街的情致能够高乎于其他所有，而在我眼中，属于南京的这条街，必然是上海路。

　　情致，虽一定程度上需要用金钱去创造，可更重要的，还是心境的创生。上海路，绵延在拥有百年历史的南京大学鼓楼校区的附近，如此地理位置已经多多少少为其增添了几分独有的雅致和风韵。它远离新街口的灯红酒绿，却在每一个夜幕来临的晚上，散发出独特的光芒，吸引着那些拥有浪漫情怀的人来到此地。

　　3 Coffee，坐落在上海路街口的一家独院二层小楼。它位置极佳，但并未将自己打扮得过分妖娆，更多的是一种质朴，甚至还有几分老旧。因此不刻意寻觅，也不是那么容易发现。3 Coffee是由原来的老式建筑改装而成的，外表被绿藤植物和花草包裹得有些严实，可是

走进它的院子，依然能够切身地感受到阳光的存在。第一次去是在某一个夏天，院子里的花花草草生意盎然，给人一种误入农家小院的错觉。

走进屋子，便又是别然于外的另一番景象。昏暗的橘黄色灯光，微微照亮大厅的每一个角落，让人不忍出声打破这自然营造出的安静氛围。复古的装潢，木质的桌椅，乳白色的淡雅墙纸上挂着民族画、明信片和世界地图。每一个座位都各具特色，而不是千篇一律。瓷器的套装小茶杯被摆放在角落的小圆桌上，古旧的吉他搁置在沙发上，轻轻摆动的老风扇更是为整间屋子增添了几许古老却别致的味道。

找一张桌子坐下来，环顾四周。客人们有的在认真地看书，有的在轻声地交谈，颇有默契。大家安静地各做自己的事情，不约而同地维持着屋子里的静谧祥和。窗前有一盆大大的向日葵，花的下面躺着一只慵懒的大肥猫，阳光直直地照在它的脸上，它睡得那样沉，仿佛在梦中看到了世间所有的美好。

二楼是露天阳台，温度不是那么高的时候，你 可以选择在那享受一个阳光充足的午后。比起别家来，这家店不知为何总给我一种忙里偷闲的感觉，而我太喜欢这种感觉。繁重的学业、日常的琐事常压抑得人喘不过气来，而在这里静静地坐上一个下午，感觉生活一下子就慢了下来。或许，有人会说，只要你的心慢下来了，在哪不是一样呢？可能，就是这家小小的咖啡屋，让我给了自己一个慢下心来的理由吧。

在这家店里，最爱的咖啡名叫"寂寞"，被它吸引也是因为它特别的名字。很多人都会想知道，寂寞，是什么味道呢？应该苦涩更多一点吧。然后再加上一点的甜？一点酸？不得而知。点上一杯"寂寞"，坐在位置上满心地期待着。咖啡色，拉花分明，外观看上去与一般的咖啡相差不大。但喝下去一口，先是奶油的柔滑，接着便是黑咖啡的苦，喝着　喝着又会尝到——嗯，是鲜奶的香甜。最后的最后，是一股薄荷的清香在口中蔓延开来。"为什么'寂寞'是这个味道？"走的时候，我问老板。"那你说'寂寞'是什么味道？"老板笑道。我莞尔一笑，转身离去。或许，这就是所谓的"千古寂寞无人晓"。

另外，强烈推荐这儿的面包诱惑，虽然现在这道甜点已经非常寻常，而且首创也不是这家3 Coffee。但我第一次就是在这吃的，而且从此以后就有一种"一直被模仿，从未被超越"的感觉。3 Coffee的面包诱惑，外面一层的吐司烤得又香又脆，里头的面包切得井然有序。关键是，每一切刀的面包里，已经融入了浓浓的芝士酱，大大区别于外头那些在最底层才吝啬地给你添个一小层芝士的餐厅。再配上一点冰激淋，感受着芝士的香甜和面包的柔软的完美搭配，实在叫人心情大好，不忍放下。

很多时候，一家店所吸引我们的，可能是情调大于美味。而这家情调与美味兼得的文艺咖啡屋，确实值得每一个人为之驻足。

地址：南京市鼓楼区上海路82-1号1-2楼
电话：83244617

萨娜薇主题咖啡馆
——给你独一无二的浪漫

推荐人：石如梦（南京大学）

☆ 推荐词：因为老板冲调咖啡的笑容而爱上这家店，一个会带着笑容用心去经营的小店，定不会让你失望。

☆ 餐厅简介：咖啡馆开在29层，上下两层的结构，配上清新素雅的装修，颇有一种回家的感觉。

在这个时代，可以用来制造浪漫的方式越来越多，可以制造出的浪漫也越来越多。你带我去挂同心锁，这是浪漫；你带我去高档的西餐厅，这是浪漫；你给我准备一大束的玫瑰花，这也是浪漫。可是不能避免的，浪漫越来越雷同，反复而单一。

而对于每一个女孩子来说，独一无二，才是最珍贵的浪漫。

寻走在这个城市的每一个角落，就是想为你寻找这份独一无二的浪漫。

萨娜薇主题咖啡馆，开在隐蔽的新世纪广场的第29层，店主是个漂亮热情的年轻女孩。第一次见到她的时候，她正在吧台后认真地调制咖啡，看到有顾客进来，便抬起头冲我们微笑打招呼。那笑容让我对这家店顿生好感。

咖啡馆分为上下两层，装修得清新素雅。淡绿与牛奶白相间的基本底调，搭配上碎花的窗帘、素雅的墙贴和照片墙，让人一进去就有一种小小家的感觉。每张圆圆的小桌上都有可爱的小盆栽，落地窗前被铺上了软软的垫子，靠在窗前，可以拥有一个极好的视角来俯瞰新街口。沿着一路摆满小花卉的楼梯来到二楼休闲区：桌游、电影、杂志等一应俱全。拨开纱帘，靠在依窗而置的乳白色沙发上，打开一级棒的音响，手捧一本素黑的《自爱，无需等待》，再伴随着咖啡的袅袅香气，一个美好的午后便从此刻开始。

那说好的浪漫呢？萨娜薇主题咖啡馆最大的亮点，就是它拥有一间麻雀虽小、五脏俱全的录音棚。在专业录音师的帮助下，你可以录下一段发自肺

腑的真情告白、一首最喜爱的歌曲、一段给予朋友的特别祝福，然后光刻成盘，永久保存。

如果有一天，我收到了这份精致的礼物，里面装有你的声音，独一无二，何尝不是一种特别的浪漫呢？

录制完浪漫，你便又可倚窗而坐，此

时此刻你的心情，必然是无比愉悦的。这时，来一杯精心调制的咖啡吧。咖啡豆都是进口而新鲜的，每一粒都从中间裂开，好像那无比甘醇的香味迫不及待地往外渗一样。它们被打磨成细腻的咖啡粉以后，经过细致的煮泡和拉花，才得以最终成为一杯精致的咖啡。推荐主打咖啡——欧蕾：一滴香醇入口，随着丝滑的口感，又伴着特有的香浓，在安静的时光里，让你细细体会其中点点滴滴的用心和享受。

而这时候，再来块甜点是极佳的。咖啡和小蛋糕的搭配，已经成为了默认的完美组合。几乎每一家咖啡馆都会有芝士蛋糕，但每一家的味道也总会有那么几分不同。萨娜薇的芝士蛋糕，质地绵软、口感湿润，甜度又掌握得恰到好处，不会腻也不会淡，"刚刚好"总是最难达到的境地，而这家小店，委实做得不错。

太多的时候，我们寻找咖啡馆，是为了寻找一种浪漫。而太多时候，我们又会叹息这样的浪漫已经被复制得满街都是。那份独属于你我的呢？就在这，就在这间萨娜薇主题咖啡馆。

心灵食堂

地址：南京市秦淮区科巷1号新世纪广场
B幢2906室
电话：52204597

阿Sir

——"没有你 良辰美景与谁说？"

推荐人：大写的RH（南京大学）

☆ 推荐词：让咖啡不再成为一种略奢侈的享受，不到十块钱就能买到一杯咖啡，外带或者在店里享用都丝毫不会降低喝咖啡的品质。

☆ 餐厅简介：已经开了好多家连锁店，陶谷新村的这家算得上是元祖了，在安静的街巷，有一个安静的小院子，执着着做平价咖啡的店。

陶谷新村是隐藏在鼓楼区深处的美食宝藏。从民国建筑星罗棋布的南京大学南北园分界线汉口路向西，就可以在街口看到大小不一的旧书店、小吃店、服装店，构成了南大校园生活重要的一部分。再向内，西餐厅、咖啡馆便多了起来。这些店大多下午和晚上开始营业，常客包括各个国家、各种肤色、各行各业的人。阿Sir则是人们希冀在独处中找寻自我空间的一个好去处。

阿Sir Coffee并不高调惹眼，暗黄色的招牌挂在拱形石门上，店面向内纵深与居民区相连。一进门，便能闻到现磨咖啡四溢的浓香，听到精选的欧式音乐。当然，客人也可以自己带轻音乐、外文音乐去播放。进入内间，可以欣赏到挂在墙上的怀旧绘画。客人散坐在不同的桌子边，自习、聊

天、看书、看电影、活动会议，也有许多不同国家语言伙伴进行口语对话训练。点一杯咖啡或茶饮，你也成为其中一员。醇厚的主题咖啡是最受欢迎的咖啡之一，奶咖爱好者绝不能错过阿Sir的拿铁，甜而不腻，奶泡丰富，入口的奶香占据七八分，淡淡的咖啡苦涩后回味清甜。除特色咖啡之外，阿Sir也制作各类口味的茶饮，有全糖和减糖选择。

阿Sir斑驳的墙壁上从来不缺少新添不久的涂鸦。这些形状各异的彩虹、小怪兽、酒鬼、爱心以及各种语言的留言填满了墙上的每个空白之处，以至眼光不可避免地会停在某处的留言。关于爱，关于泪，关于歌曲，关于电影，关于回忆，关于梦想，关于当下，关于未来，但此时此刻，它们记录下的都已是过去的故事：

“12年，我来过。”

“XXX我爱你。”

“Libre Soy.”

“伟大的雅思君让我这次一定能考好……”

“Drink with me / to days gone by / to the life / that used to be.”

“迷茫的大三。”

……

常把阿Sir这些墙壁看成一座记忆博物馆，每个涂鸦就是它独一无二的展品。一部分处在中心的涂鸦显眼易找，但被覆盖、磨损甚多；而角落里的涂鸦无人欣赏，但也因此没有破坏，历久弥新。那些写下已经模糊不清的壮志豪言亦或海誓山盟的作者，若是故地重游，还能否找到他们曾经的游丝墨迹？新来的客人是否会因为看到墙上关于相同的爱好的留言而寻觅到挚交？

有时细细想来，对于个人而言，这些来自内心深处的极度私人的话语，甚至不会和父母妻儿等最亲的人分享，但它们却会被毫无顾虑地写在墙上，展览给形形色色、不曾相识的顾客品读。我多次暗暗庆幸，正是这种当代陌生人社会特有的吊诡，才能让不同的个体有机会触及他人埋藏身后的思维宫殿，引起更加强烈的共鸣。

手里握着一杯奶香绿茶，什么都不想，闻着热饮的醇香，听着其他过客天马行空的谈话，会心一笑，也算是一种放松的体验了。

地址： 南京市鼓楼区上海路陶谷新村6号
电话： 暂无

卢浮尚品
——是咖啡，又不仅仅是咖啡

推荐人：崔凌睿（文艺背包客）

☆ 推荐词：远离闹市的咖啡馆，想要寻一方安静天地，这里是最合适的。馆内的艺术珍品和各类精致小物件把整个咖啡馆变成了博物馆。坐在这样有味道的地方，来一杯香醇的咖啡，时光，也可以这样优雅地老去。

☆ 餐厅简介：主人对这家咖啡馆的要求很高，坚决不做简餐，咖啡师不仅要做好咖啡，还要理念契合。此外，对来店里的客人，也是有所要求的，不许抽烟，不许大声喧哗，这是对咖啡、文化和艺术的尊重。

"咖啡，仅仅是咖啡；咖啡，不仅仅是咖啡；咖啡，一半是咖啡，一半是感觉。"这是卢浮尚品主题咖啡馆的主人王老师对咖啡的理解，在这个理解的基础上才有了现在的卢浮尚品，融合咖啡、油画、陶艺、百年老相机、

钢琴曲的存在。这里，是咖啡馆，有着对咖啡专业品质的追求；这里，不仅仅是咖啡馆，一切都与艺术相关。

能把咖啡馆开到郊区，距离市中心14公里开外的地方，需要勇气，也定有其独特用心。地铁换公交，折腾了1个多小时才到，在离开的时候，我却说了句"我想我会常来的"，有魅力有价值的地方，距离不是问题。

卢浮尚品——咖啡&艺术

远离闹市，这里更安静，无论是品读艺术还是思考人生都是绝佳的。推门而入，若不是吧台价目表上写着饮品和标价，都会错以为自己闯入了一个艺术品珍藏馆。墙壁上的油画，拐角处的摄影小品，架子上的陶艺瓷器，柜子里的百年老相机，眼睛一下子会有些忙不过来。

这还仅仅是一楼而已，走到尽头拐角处，一级级楼梯走下去，神秘感油然

而生。当楼下的场景全部展现在眼前时，会被楼下的别有洞天惊住，颇有一种密室探宝的惊喜感。

卢浮尚品本就不单单是一家咖啡馆，它还是一个在线交易的油画网站。咖啡只是一个桥梁，是通往艺术的桥梁。在这里，只需要不到30块一杯的咖啡，就可以获得近距离接触艺术的门票。主人希望通过这样的方式传播艺术，感染更多的人，影响一个是一个。现在的社会太浮躁，年轻人更甚，需要艺术也需要这样的地方静静心、沉沉气。

曾经叱诧风云的商人；现在安于淡泊、归于艺术

最一开始接触的时候，王老师自称老师，自然而然的构想这是一位热爱艺术的大学教授。后来才发现，远没这么简单，王老师是曾担任过客座教授，但是他身上更重要的标签是一个商人。

可是这个商人确实很特别，身上没有那么多铜臭气，却多了些艺术气质。这也许跟他本人的兴趣爱好和早年经历很有关系。南大新闻学专业毕业后，从事过八年的职业摄影师工作，之后下海从商，放弃了一些更容易发财的机会后，还是选择了与艺术联系颇为密切的地产类广告公司。从1993年大一传播创办，到后来因为金鹰和金陵花园的项目一炮走红，事业慢慢做大。

可是王老师却在事业有成后选择了慢慢淡出和放下，去做自己喜欢的事。他深谙有钱人的生活模式，人一旦掉进金钱的圈子，就会是一个无底洞式的恶性循环，逐渐演变成一个数字游戏，平生所求就是在数字的后边再多加几个零，但是过得却并不幸福。当然"放下"这两个字说来简单，做起来还是需要很大的魄力和勇气的，更需要一种大彻大悟的心境。王老师说："人这一辈子很短，何必拿如此珍贵的时间去做一些自己并不喜欢的事情呢？及时行乐和知足常乐很重要，你看我现在过的不是很快乐吗？"说这话的时候，扑面而来的是一种淡然却极具穿透力的幸福感。

做自己喜欢的事，累却快乐

这家咖啡馆从2013年11月28日开始设计装修，王老师全程都是亲自参与的，甚至于楼下油画展区的每一副油画都是他亲手摆放的。历时两个月的装修过程，说不累是不可能的，毕竟王老师也是50多岁的人了，但是他很坚定地告诉我"心不累，就不累。"

"现在每天呆在咖啡馆的时间，平均下来都不会少于10个小时，比之前在公司做老板的时候辛苦多了，但是做自己喜欢的事情的幸福感是无可替代的。"这是在一座城市荒漠中靠自己一砖一瓦搭建起来的理想国，咖啡馆面积并不大，只有160多平方米，却装下了王老师所有的兴趣爱好。油画、陶艺、摄影、音乐，而咖啡馆无疑是最理想的载体形式，除了圆自己的梦想外，他还想要感染和影响更多的人。

花香蝶自来

王老师开这家咖啡馆的最大用意，就是想要给同样喜欢艺术、热爱咖啡的人一个共同交流的空间。咖啡馆所能吸引到的人群和热爱艺术的人群有很大的交集，他希望形成一个同类相吸的圈子，吸引一波文化素质比较高的人群，在这里共同交流学习。

王老师对这家咖啡馆的要求很高，这里坚决不做简餐，咖啡师不仅要做好咖啡，还要理念契合，注重细节，甚至于桌上花瓶的摆设都要分毫不差。此外，对来店里的客人，也是有所要求的，不许抽烟，不许大声喧哗，即使你是熟人，即使你名气很大或者很有钱，都要遵循这样的规定，这是对咖啡、文化和艺术的尊重。冒着得罪客人的危险，王老师还是坚持着，也正是这份倔强的坚持，才能保证这里的纯粹，才能真正打造南京最有个性、最讲究品味和最计较专业的咖啡空间。

王老师的经历很传奇，说起来总觉得会有那么一丝敬畏之情，但是他却非常的谦虚、平易近人，即使你只是一个90后的毛头学生，他也会很认真地跟你聊天，把几十年人生经历浓缩出来的经验和阅历拿出来分享，而且强调这是平等的沟通和交流。正因如此，经常会有学生不惜路上折腾三四个小时从仙林或者浦口赶过来，只为喝杯咖啡并与王老师聊聊天。

"你若盛开，清风自来"被王老师凝练成了"花香蝶自来"，形容很贴切。卢浮尚品主题咖啡馆，这株别有韵味的花已经种下，并在悉心呵护下茁壮成长，无需张扬，不用渲染，蝶自会来。你是那只蝶吗？

地址：南京市江宁区将军路翠屏国际城北门口
电话：84983036

盗梦空间
——一场纯净的深蓝梦旅

推荐人：李子核（南京大学）

☆ 推荐词：走进盗梦空间，仿佛慢慢地滑入一个梦境，轻缓而深入，静待一份单纯的温暖，直达心底。

☆ 餐厅简介：咖啡店的经营理念便是以"入梦"为主题,向都市中繁忙的人群植入午后懒散安逸的氛围。来到这里就会被幻想感染，成为天真的孩子。

不问君来处，同为追梦人

来到天之都大厦的37层，走进盗梦空间，仿佛慢慢地滑入一个梦境，轻缓而深入，静待一份单纯的温暖，直达心底。老板孔先生说自己并不能算是电影《盗梦空间》的铁杆影迷，只是对于影片的英文名inception "植入"的概

念非常感兴趣。咖啡店的经营理念便是以"入梦"为主题，向都市中繁忙的人群植入午后懒散安逸的氛围。提到剧中人物，他说："那我扮演的是主角莱奥纳多的角色，我把设想中的情景告诉'筑梦师'，由他来创造这个环境。主厨先生就是我们的'药剂师'，来为大家调制各式各样的美食，让大家安然入梦，由他们来将想象和灵感变成现实。"

的确，来到这里会即刻被这种幻想式的梦幻感染，我们又好像重新成为一个天真的孩子，一个充满好奇的探险家，想要贪婪的品足这里的每一丝色彩和滋味。

店内的很多墙面都是3D画。这边一头巨大的抹香鲸呼之欲出，可爱的表情，遨游的姿态，把大厅变成一片湛蓝的深海，你会渴望走到墙边，伸出手抚摸那鲸鱼白白的肚子，再慢慢地拍拍那海豚的头，温柔安宁的触感会让你舒缓下来。就是那种纯净自然的美妙感觉会使人沉浸其中，忘记了平日的繁忙、焦虑和忧愁，一心享受着这份难得的平静和舒畅。

为自己的梦幻挑选一个城堡

咖啡馆的每个包间都是一个梦境的主题，刚才还在巨鲸游动的海底，在水天相接的旷野，现在我们又站在了岩石上，与蓝精灵们相遇。这幅画足以勾起你的回忆，让你不经意间轻轻地哼着："在山的那边在海的那边有一群蓝精灵……"如果这时你关上了灯，墙面和屋顶上的蓝精灵就会显现出夜光效果，非常具有梦幻的感觉，好像自己真的来到了他们中间，彼此在玩捉迷藏一样。

你是否想有一个自己的城堡，像哈尔有他自己的移动城堡那样？现在你身处童真童趣的南瓜城堡之中，去追逐，去幻想，去攀爬高大的椰枣树，去捕捉夜空中最亮的星辰。我知道，虽然经历了时间的洗礼，但你，永远是那个单纯爱玩的小孩子。

又见面了，亲爱的超级玛丽先生，这是属于我们的红白机时代。你还能想起他跳来跳去，用头顶出金币和蘑菇的样子吗？此时此刻，何不与朋友们玩场游戏，模仿这个穿红衣的可爱先生呢？抛开束缚，放松自己，那感觉一定是令人难以忘怀的。

街头霸王的主题包间，每个人物的经典招式还历历在目，而当初跟你一起玩的朋友们现在是否正坐在你的对面呢？

这里的白天和夜晚

梦和昼夜是紧密相连的，这里的白天和夜晚也显示出完全不同的两个格调。白天的"盗梦空间"显得明亮而通透，我们好似是来寻找和追逐的孩子；而到了夜晚则被蓝色的灯光营造出深海一般梦幻的氛围，我们仿佛又变成深海中的一缕水草，成了宇宙里的一颗星辰。

是否惊讶于这璀璨的夜空？它是这样美，让我想起梵高笔下那充满童真气息的漩涡状星夜。这是

店内的一处屋顶。据负责设计的"隐形翅膀"工作室的谢总监介绍,这种涂料并非一般的夜光材料,而是类似于人民币防伪功能的原理,利用荧光灯的照射显示出亮光下看不到的图案。之前以为是空白的屋顶,在关上门打开荧光灯之后,竟然幻化出灿烂的星空,其中银河的漩涡,星座的图案,以及我们熟悉的地球在屋顶熠熠生辉。

"空中花园",俯瞰世间浮华匆匆,浅酌此刻的悠然

"盗梦空间"位于新街口户部街的天之都大厦顶楼,南北两侧均是摆放着藤椅的露天阳台。到了夜晚,阳台上还会亮起许多蜻蜓和百合形状的太阳能灯,点缀在欧式风格的花卉之间,称得上是两座"空中花园"。

在这186米高的阳台里你可以一边饮茶,一边鸟瞰南京城景。 从新街口地区的高楼大厦,到新落成的南京南站,再到宁静的玄武湖和巍巍紫金山都可以尽收眼底。

追梦旅途中的伙伴

盗梦空间不仅风格独特,店内的美食

也很特别。当你不知道吃什么的时候,服务员会把一个有趣的求签罐端上。孔先生说:"这个就是菜单了,有的朋友有选择恐惧症,不如就由摸签的形式来决定吃什么!这个也是我的创意!"

这款甜点就是招牌——盗梦空间了,它澄黄的外皮下潜藏着什么呢?拿起勺子轻轻地挖开,就会感受到里面嫩而柔软的质地,甜而不腻,味道很棒。

深蓝梦旅,你不是孤单一人

现世的生活越来越忙碌,不息的人群,来回闪烁的红绿灯,拥挤的地铁,宁静与悠闲似乎成为了一种奢侈,还有多少人能暂时撇开俗务的浮躁,就这么自然而然的沉浸在时光的梦境里?我愿意置身于这纯蓝的海里,登上那海天交界处即将启程的白帆,等待着遇见蓝精灵、遇见马里奥、遇见自由来去的海龟和鲸鱼、遇见那些童真又温暖的奇迹。现在,我听见了门把转动的声音,那个站在门后的人,那个和我一样不安于庸碌生活的追梦人,是你么?

地址:南京市秦淮区户部街33号天之都大厦37楼
电话:86755099

雕刻时光
——在生命的白板刻下珍藏的回忆

推荐人：李子桉（南京大学）

☆ 推荐词：在这里，咖啡也不再简简单单只是那杯中的浓郁液体，它联系了很多东西：照片，书籍，影像，乐曲，它蕴含了一种文化，一种生活态度，一份永不停止的回忆，一抹被时光雕刻过的痕迹。

☆ 餐厅简介：雕刻时光已经是独立咖啡馆一个响当当的品牌了，在南京有两家店，分别靠近南大和夫子庙，不同的区域不同的气质，却同样迷人。

静待时光的雕刻，独特的文化内蕴

第一眼看到这个名字，我就被它背后的那种笃定而悠然的气质所打动。sculpting in time，是苏联导演安德烈·塔可夫斯基（Andrei Tarkovsky）所写的电影自传的书名，他以电影艺术为媒介，借着胶片记录下时间流逝的过程。时间虽然去而不返，但它在人的身上，在事物的身上都留下的不可磨灭的痕迹。 在这里，咖啡也不再简简单单只是那杯中的浓郁液体，它联系了很多东西：照片，书籍，影像，乐曲，它蕴含了一种文化，一种生活态度，一份永不停止的回忆，一抹被时光雕刻过的痕迹。

第一家雕刻时光咖啡馆创办于1997年11月28日。那一年刚从大学毕业的庄仔和小猫去了遥远的新疆，那里浩渺壮丽的自然景致和深远恬静的生活氛围使他们深受感染，于是萌发了要开一间咖啡馆，过一种"咖啡馆式"生活的念头。可以说，新疆那种广阔悠缓又略带

神秘的文化气质正是雕刻时光的渊源所在。

在欧洲，咖啡馆文化已有两百年的历史，早已深深地融入人们的日常生活中。很多著名作家都是在咖啡馆完成他们的作品的。一位奥地利诗人是这样描写咖啡馆的："一个好的咖啡馆应该是明亮的，但不是华丽的，空间里应该有一定的气息，但又不仅是苦涩的烟味，主人应该是知己，但又不是过分殷勤的。每天来的客人应该互相认识，但又不必时时都说话，咖啡是有价格的，但坐在这里的时间无须付钱。"而雕刻时光代表的正是这种咖啡馆文化：让时间、人和情感在此驻留，留下美好的回忆。

不可预想的浅酌感受，直到你走进这里

南京现有两家雕刻时光店，一家位于鼓楼区汉口路，一家在秦淮区大石坝街。南大店依傍南京大学鼓楼校区，那里有高大而繁盛的树木，有民国时期的旧式建筑，在蜿蜒的小路上，经常能够看见怀抱两三本书的大学生，有十分浓郁的文化气息。

夫子庙店则浮现出完全不同的景象：烟笼寒水月笼沙，夜泊秦淮近酒家。若是在轻风拂面的夜晚，看着河水碧波微漾，上面撒上星星点点的皎洁月光，不时有画船穿行其间，使人感觉仿佛穿越回古代，别生一番滋味。

白天，红色和白色的窗幔都被拉开，强烈而明快的阳光就这样肆无忌惮地穿过窗子倾洒下来，在地板上留下光的剪影。在某个晴朗的上午，找个窗边的位置坐下，放任自己变成一只向日葵，贪婪地渴求这温暖的阳光吧。一边喝着浓香的咖啡，一边感受着光线像柔和的手掌一样触摸自己的脸庞。

到了夜晚，天光散尽，太阳隐匿，那些奇妙的灯就被点亮了。伴着昏黄幽暗的灯光，人们的故事和情感会更为自由的流淌。这时，你可能正靠着软软的沙发，两手环握了咖啡杯，水蒸气带来一种微醺的感觉，又飘逸到别处去，缓慢的呷一口咖啡，闭上眼睛，任思维就这么自在的飘来飘去；也可能和三两好友坐在一起，会心笑谈，重温一个故事，一段岁月，给这寂静而寒凉的夜增添丝丝暖意。

这是雕刻时光的照片墙。慢慢的浏览，这些来自天南海北的人，怀着各不相同的心情，带着属于他们自己的故事，在这里沉淀了自己那雕琢精致的时光。小玩笑、小感动，总有一处精彩瞬间或引得你放声大笑，或促使你黯然不语。雕刻时光就是一个陈旧而典雅的糖罐子，里面有各色美妙的糖果，都是独一无二的，当你拿了一颗放入口中，才能知道它的色彩下包裹着的是快乐还是忧愁。在这里，你永不孤独，在这里，你也许会遇到世界上的另一个自己。

在雕光有很多小角落，零零散散地摆放了稀奇可爱的小物件，不失其天真和童趣。他们都是回忆的载体，其中的一些，也许曾摆放在房间里直至时光落满了灰尘；也许曾被作为礼物送给心仪的人，伸出食指轻轻地触碰，告诉我，哪一个让你有一瞬的颤抖，哪一个还有着曾被你雕刻过的痕迹？

思想的村落，文化的圣地

不同于一般的咖啡馆，雕刻时光总与文学、电影、音乐等文化艺术有着千丝万缕的奇妙关系。

书在这里也成了不可缺少的一部分。在这温馨而小巧的书架上摆放着涉及各个方面的图书：
文学、科学、心理、时尚，等等，你一定可以从中挑出一本，读过一个舒适的午后。

此外，雕刻时光还会定期举办各种活动。文化课堂会让你更多地了解这世界；时光影展会展出摄影爱好者们的杰出作品，也会放映优秀电影；咖啡沙龙则能带你品鉴世界各地的咖啡豆。每逢节日，这里又会举行特殊的庆典，缔造属于雕刻时光人的狂欢夜。

美食与舌尖的缠绕，享受食物带来的愉悦

经典的卡布奇诺，褪去了咖啡的苦涩，更多了浓浓的奶香。精美的拉花总是让人喜欢得不忍去碰。入口柔滑，层次分明。

提拉米苏，意大利的经典甜品，只用了不到十种材料，把"甜"以及甜所能唤起的种种错综复杂的体验，交糅着一层层演绎到极致。

何不须臾闲坐，容时光将你的模样好好雕刻

这就是雕刻时光，sculpting in time，在这里，你会遇到低头默默喝咖啡的人，在日光下专注看书的人，仰头望着天花板的人，闭起眼享受音乐的人，你会遇到各种各样的，特立独行，背负着精彩故事的人。你会在此遇到有共同兴趣的知己，寻觅到属于自己的那份品质生活。

地址：南京市鼓楼区汉口路47号2楼
　　　南京市秦淮区大石坝街32号
电话：83597180
　　　52266082

Mokka

Cappuccino

Kaffee

Espresso

Caffe

甜蜜时光

云中食品店
——Skyway的空间

推荐人：大写的RH（南京大学）

☆ 推荐词：味正的西点与近水楼台的地理优势，自然从来不会缺少那些喜欢享受属于自己一平米空间和一寸阳光的食客们。

☆ 餐厅简介：在遍地布满西点店且水平参差不齐的当下，能在上海路寻得一家口味相当纯正的西点店，也算没白在金银街大本营晃荡一年。

上海路作为南大海外教育学院、中美研究中心和西苑宾馆的后街之一，少不了酒吧、西点店、咖啡馆、西餐厅。在南大和南师大两校留学生的包围下，整个上海路几乎成了留学生食堂一条街，多了几分异域风情。云中食品店Skyways就在上海路与金银街交叉口一个低调的角落，正处于留学生们从封闭学园中踏进纷繁中国社会的第一步门槛。

能被语言伙伴推荐为"附近唯一一家口味正"的西点店，并且能在遍地西点的上海路拥有一批常客和源源不断慕名而来的食客，除了地理位置的优势外，云中还有它自己独到口味使之脱颖而出。Skyways用进口原料制作食品，提供各种面包、蛋糕、三明治等主食，咖啡、巧克力、牛奶、软饮、热饮、冰淇淋以及其他常规西点，种类繁多。若是选择堂食，食客们可在靠窗的圆桌

甜蜜时光

坐下慢慢品味，亦可在门廊上坐下享受阳光。

不知为何，每次路过云中Skyways，这个名字在脑中即刻浮现出的便是Ennis Del Mar在Brokeback见到Jack Twist后那番思索，那种第一次感觉自己能够"paw the white out of the moon"的内心律动。关于这句习语的含义，笔者在一本20世纪20年代的牛仔民谣诗集中找到出处，终于在Zebra Dun的吟唱中理解了那种遇到他时犹如漫步云端的轻松与恬适，或是心结终被释开的恣意起伏。

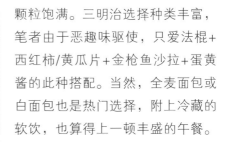

云中Skyways便给人此类轻松感。

推开门后，即刻就被西点所特有的馥郁香气包围。蓝色为主调的装修映衬金黄的面包与斑斓的冰淇淋，加之形态、颜色各异的蛋糕甜品，食欲便随着排着的队疯涨。香软的蓝莓蛋糕是食客不可错过的甜点之一，酱汁浓厚，颗粒饱满。三明治选择种类丰富，笔者由于恶趣味驱使，只爱法棍+西红柿/黄瓜片+金枪鱼沙拉+蛋黄酱的此种搭配。当然，全麦面包或白面包也是热门选择，附上冷藏的软饮，也算得上一顿丰盛的午餐。

端着三明治走到阳光四溢的蓝色窗边坐下，从云中向外，看着窗外匆匆来往人群的一颦一蹙，时常会忘记时间的流逝。此时凝视天空，便使人从心底涌出paw the white out of the sky的轻松感。午餐过后，捧一杯illy咖啡豆制成的浓醇拿铁咖啡，翻开随身的书本，或打开WIFI享受信息的传输……这里安静的环境远远优于其他人声喧杂的咖啡馆，以至自习的学生或办公的人成为这里的常客，有时，留学生和语言伙伴们也会来此畅谈闲聊。

常常喜欢坐在二楼的窗边，俯视整个Skyways的空间，看着一楼食客们排着的队伍、填满各个柜台的金色面包、诱人可口的精致甜点、柜台里陈列的瓶瓶罐罐、桌上的装饰小物件、墙上先锋的装贴画、细细私语的服务员、独自一人向外欣赏风景人情的食客，疑似游离于Skyways的空间，只有阵阵扑鼻的面包香气提醒着自己仍置身在三次元。

地址：南京市鼓楼区上海路160号
电话：83317103

蘑菇餐厅
——简单不失味道，恰如生活

推荐人：叶荣帅（第一餐饮业务顾问）

☆ 推荐词：小小的餐厅，精致的菜品，实惠的价格，低调中带着温馨。如果你想要体验"家庭"式西餐的感觉，一定不能错过小小的蘑菇餐厅。

☆ 餐厅简介：南京城里有三家连锁店，综合评价最好的应该是小火瓦巷店了，店面不大，却能够带给每位顾客极致的味觉体验。

　　繁华的新街口，街边店铺鳞次栉比，各具特色，凡是去过的人无不被它的繁华所吸引。新街口的繁华一刻不停，而蘑菇餐厅的繁华则始于每天的中午十一点和下午四点半，午餐时间从十一点开始下午两点结束，晚餐下午四点半开始，期间顾客络绎不绝。许多时候，不到营业时间，店门口就已经排上长长的队伍了。

蘑菇餐厅的店面并不大，外观看起来普普通通，可爱的字体加上一个大写的M就是它牌匾上的全部。简简单单但又不失精致，复古风格的玻璃窗为小小的店面增添了不少韵味。透过复古风格的玻璃窗，就能看到粉红色的墙壁，墙上挂满了有趣的挂件。走进店内，更能体会到餐厅的温馨氛围。

由于店面不大，所以进到店内会有些拥挤，但是这根本不会影响到食物的味道和顾客们对美食的热情。蘑菇餐厅的菜品都非常精致，而且口味都很适中，每一道菜都被精心地设计出各自的造型，更能挑起顾客的食欲。

到了蘑菇餐厅，就一定要点上满满一碗金黄的土豆泥，上面一层厚厚的芝士，又烫又香，味道醇厚，却又不甜不腻。我在第一次去蘑菇餐厅的时候就点了这道菜，此后每次去就一定会点上一碗，满满的一碗回味无穷。另外还值得一提的是，蘑菇餐厅的奶油蘑菇汤，味道很鲜，汤汁很浓，小小一口就能够体会到十足的香味。店内的菜品都很实惠，菜量很足，尤其是芝士，店家从不吝啬。其中焗饭就是非常典型的代表，一勺下去，舀起来就拉出长

长的一条芝士丝，让人食欲大增。所以，对芝士情有独钟的朋友可一定不能错过这品尝美味芝士的好机会。

小清新、年轻化的经营理念让蘑菇餐厅受到更多年轻人的追捧，经济实惠的经营策略也让小店的口碑如日中天，精致美味的菜品让众多吃货欲罢不能。蘑菇餐厅以它独特的魅力在南京城中独树一帜，让更多人体会到美食的乐趣。

周末阳光不错，找上几个好友，逛逛街、聊聊天，慵懒过后，来寻一记美食；享受生活，如水一般平静，如夕阳一样醇香。蘑菇餐厅，生活一样的味道。

地址：南京市秦淮区 小火瓦巷73号（近洪武路）
电话：84572962

美丽心情甜饼屋
——生命无常，先吃甜品

推荐人：石如梦（南京大学）

☆ 推荐词：生命无常，先吃甜品。这份甜点，并不仅仅只是你眼前的这份实实在在的甜品，更是你在品尝人生的过程中，愿意用心去体会生命中的无尽美好抑或是苦涩的美丽心情。

☆ 餐厅简介：一家有趣的甜品店。低卡路里，味道不打折。可定制个性图案蛋糕。

    亦舒曾经说过一句很动人的话："生命无常，先吃甜品，不管是一年或是半载，甚至只有两三个月，快乐不用嫌少，也不会厌多。"多么有道理。

    人们也常说，女孩有两个胃，一个用来装三餐，另一个便是用来装甜品。在我看来，懂得享受和鉴赏甜品的女孩，常常是更加优雅而精致的。

吃甜品不是为了饱腹，而是为了享受。换句话说，吃三餐是为了能"活着"，而享用甜品，则是为了"生活"，为了更好地"活着"。

当你走进这家精致小巧的甜品屋时，这样的想法一定会更加强烈。美丽心情甜饼屋，位于绿树环绕的江苏路。店铺外观看上去并没有多么地惊艳，但是当你走近时，哪怕只是路过，你也一定会停下脚步——因为你已经完全被橱窗中的精美蛋糕吸引了。精心雕琢的公主王子、粉色浪漫的簇簇玫瑰、精致玲珑的花园农庄……蛋糕师傅的手艺实在了得，让你未进门就已经拥有了一份"美丽心情"。

甜饼屋内装修得简洁大方，透明的窗户被擦得很亮，阳光直直地照射进来，照到桌子和桌边的绿色植物上……看到这样的情景，你的"美丽心情"不知不觉就又提高了几分。

或许是因为位置隐蔽，店里并不是那么热闹，但也时不时有三三两两的人进店光顾。很多人看上去都是轻车熟路，想来都是这家店的老顾客了。其中大多是年轻的姑娘，或是看上去非常恩爱的小情侣。我最喜欢坐在一旁观察人们挑选甜品时的神情，尤其是那些可爱的女孩们。刚走进店的时候，她们常常是挽着同伴的手，而当她们看到玻璃柜里的一个个精致小甜点时，眼睛里立刻就溢出神采，然后飞快地兀自跑上前去，饶有兴致地挑选起来——

这时候，她们的眼里带着极大的笑意和美。如果是打包带走的人，我总觉得他们离开时的脚步都轻快了些，因为好心情；如果是坐在店里慢慢享用的人，在等待的时候脸上必然满是期待，等到店员为他们送上甜品时，他们脸上的笑，又是那样地清澈动人。这，必然也是因为好心情呀。

我是这家店的老顾客了，常常会倒上地铁和公交来这里享受一个下午。坐在窗边，点上一杯咖啡和一份小蛋糕，然后静静地看看窗外，看看书，再看看进出的人们，内心平静、温和而充满希望。在大学的三年时间里，我几乎尝遍了这家店的每一款甜品，芝士蛋糕、提拉米苏、布朗尼、抹茶红豆……每一款都有自己特别的味道，带给我不一样的味觉体验。我曾经不是那么爱吃甜品，觉得它们太腻，可是在这吃到的每一种，却总让我觉得"刚刚好"：奶油的比例刚刚好，芝士的用量刚刚好，牛奶的味道刚刚好……每次都是在愉悦的心情中，享受一次甜品"之旅"。

如果要我说我点的最多的，那便是提拉米苏了。很多人都觉得，提拉米苏已经是甜点中最常见的存在了，实际上也确实如此。可是想要让食者在众多同类中，偏偏记住你的味道，那确实要下一番功夫和心思。我和老板讨教得知：这家店的提拉米苏由鲜奶油、可可粉、巧克力、面粉制成，最上面是薄薄的一层可可粉，下面是浓浓的奶油制品，而奶油中间是类似巧克力蛋糕般的慕司。吃到嘴里香、滑、甜、腻，柔和中带有质感的变化，味道并不是一味的甜。因为有了可可粉，所以略略有一点点不着边际的苦涩。老板说，提拉米苏是一款属于爱情的甜点，因为小小的一块提拉米苏，以Espresso

（特浓意大利咖啡）的苦、蛋与糖的润、甜酒的醇、巧克力的馥郁、手指饼干的绵密、乳酪和鲜奶油的稠香、可可粉的干爽，唤起了味蕾种种错综复杂的体验，就像爱情一样。

　　生命无常，先吃甜品。这份甜点，并不仅仅只是你眼前的这份实实在在的甜品，更是你在品尝人生的过程中，愿意用心去体会生命中的无尽美好，抑或是苦涩的美丽心情。

地址：南京市面上秦淮区大光路118号8幢-6
　　　（近香格里拉花园）
电话：85861218　85861228

团子大家族
——好闺蜜，一辈子

推荐人：张妍（南京农业大学）

☆ 推荐词：口味丰富，造型美观，甜而不腻，女生们的最爱。可以办会员卡，有优惠。

☆ 餐厅简介：大行宫附近一个外卖的店面，也有咖啡奶茶一系列饮品，甜甜圈是主打，多种口味可供选择。可提供外卖服务。

俗话说，"十个女生中有九个吃货"，这话一点不假。第一次知道这家店，是从室友那里听来的。本身对甜点无感，但一次和闺蜜偶然路过附近，我们便萌生了"探秘"这家店的念头。之所以说"探秘"，是因为这家店真的不太好找。

甜蜜时光

初次"探险"

吃货小分队四人组，在大行宫附近吃过午饭以后便开始了百度地图加问路的旅程。我们的目标是"甜甜圈"。费尽九牛二虎之力后，路痴妹子们终于在一条马路拐角处看到了这家店面，粉色的店名其实还蛮醒目。于是乎，大家一窝蜂地冲到玻璃柜台前。草莓、蓝莓、绿茶、巧克力、杏仁、提拉米苏……各式口味的甜甜圈着实让人挑花了眼。而我这个一向对甜点无感的人

此时也对这些花花绿绿的食物来了兴趣。最终，我们每个人挑了两个满载而归。吃货小分队第一次探险圆满成功！PS：强烈推荐提拉米苏口味！甜甜香香的，妹子们一定要尝试啊！

二次"进击"

有了第一次的经验，第二次我们熟悉了路线，找起来就方便多了。看着甜甜圈放在柜台里的样子，就觉得很可爱。甜甜圈上面的果料、果酱都很足，咬起来不会觉得很硬、很干；面包部分也很松软，有的表面有小糖粒，但是吃起来也不是很甜，非常适合注重身材的美眉哦！咖啡巧克力口味，香喷喷，配一杯苦咖啡就更好吃了。每

次来这家店，都能看到排队的人快要挤到门外去了。店里的外带的盒子也很好看，粉粉的，特别可爱！

N次 "连击"

捧着闺蜜带来的一杯温暖奶茶，咬着香喷喷的甜甜圈，不愿起床的冬天早上，翘课被点名的郁闷午后，考试周烦躁无奈的压力……这些又算什么呢？一起疯，一起闹，一起无厘头……一起当吃货，一起玩耍，一起学习，一起奋斗……这就是我们，不离不弃的，好闺蜜！

我们也会像团子大家族的甜甜圈那样，一起甜甜蜜蜜团团结结在一起。时光不老，我们不散！

地址：南京市秦淮区长白街五老村1号
　　　（近科巷）
电话：58855584

熊猫一间店
——小粉桥的苦与甜

推荐人：大写的RH（南京大学）

☆ 推荐词：谁说夏天来临，美食与瘦身不可兼得？熊猫一间店，不甜腻的奶茶，却又回味无穷。

☆ 餐厅简介：特色奶茶店铺，包含小红莓、榛果、烤杏仁等特色饮品，低糖、低卡路里，夏季的绝佳饮品。小粉桥和小卫街均有分店。

　　活跃在南京鼓楼区与玄武区交界处的年轻人多多少少都会听说过一条名称别致的小巷——小粉桥。从珠江路地铁站1号口出来，往西20米右拐即能进入这条蜿蜒低调的巷子，熊猫一间店就位于此。由于靠近南京大学五十年如一日的南园八舍，小粉桥近水楼台，自然也是南大学生闲暇之时的常顾之地。

　　熊猫一间店并不难找。进入小粉桥一直走，只要在巷里发现唯一一条长长的队伍后止步即可。店面很小，却也醒目，很自然地融合进了小粉桥的时空中。熊猫一间店主营各类奶茶、咖啡，营业时间大致在上午11点至下午5点，时间不太固定，营业日期也非一成不变。以我的长期经验来说，中午至下午3点之间去买奶茶遇到关门的可能性最低。没有明显的排队最短时间段，队伍长短全靠"人品"，去得越晚可供选择的饮料种类自然越少。

等到队伍逐渐变短时，我常常从外向店面内看去，窥探下熊猫一间店店内的风景。店内陈列着作为奶茶和咖啡配料的新西兰Anchor牛奶和意大利illy咖啡豆。店面窗口贴着各式斑斓的幽默装饰画和广告词，以娱乐排队买奶茶而等得心焦的顾客们。窗口左边列有所有奶茶品种和价格，并标注着来自网友、教授、吃货、店主等各类人的推荐，人均10~15元左右，一人限买一杯，部分品种可以减糖或无糖。坚信甜即正义的我深爱全糖的爱尔兰甜酒奶茶、法式香草奶茶以及英式太妃奶茶，偶尔拿茶味较重的锡兰奶茶、伯爵奶茶或拿铁咖啡提提神、装装傻。当然，熊猫一间店所有奶茶的糖量本身便少于别的奶茶店，更多的是口感醇厚的奶香味。不过，对于追求茶味的吃客们而言，微苦的无糖黑乌龙这种健康饮品自然不能错过。

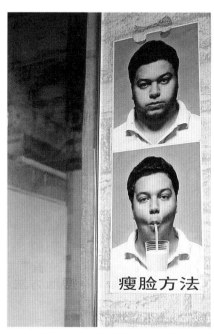

瘦脸方法

　　做一名熊猫一间店的常客诚然不易，在永远排不完的队、时常吃"闭门羹"、喜欢的口味总被卖完、雄心勃勃的减肥计划以及宅寝室懒病的不定期发作等一系列"艰难困苦"中摸爬滚打后历练成坚定的"熊猫粉"，在浑然不觉中发现，这间小小的店铺早已在我的生活中占据了不能忽视的位置。在独自一人时的春秋换季时节，手捂奶茶细品每一口奶香与甜味完全融合的口味，恣肆地享受奶茶上瘾的零罪恶感。在归途中再迈进小粉桥1号沉重的大门，第N次登记拉贝故居访客名单，想来一个异乡人也能在小粉桥的记忆里成为一个南京历史的承担者。

地址：**南京市鼓楼区小粉桥3号（近南京大学）**
电话：**暂无**

叽哩咕噜
——古都里的香甜时光

推荐人：庄园（美食编辑）

☆ 推荐词：香甜口感，别是一番滋味在心头。

☆ 餐厅简介：店面温馨，环境优雅，而真正惊艳的是甜品。味道绝对出乎意料，非常值得一试。香甜松软的甜品，每个女孩子都无法抗拒。

古城里的甜点梦

南京是座古城。

江南佳丽地，金陵帝王州，逶迤带绿水，迢递起朱楼。十里秦淮，玄武湖畔，随处都透露着古色古香的中国味道。

说到底，人心总是有些叛逆的。

在这样一座古都里，古建筑随处可见，老味道也并未绝迹。叛逆的心总想在这个格外"中国"的地方寻找一些不一样的新味道。

而这寻味路上首先要寻的，于我而言，定是甜品无疑。

女人对于甜品的爱，很多大男人无法理解。我以为，"女人有两个胃，一个用来装主食，另一个则用来装甜品"将这种爱描述得极为妥帖。

在古都萌发了对味道的"叛逆"的我，更是一意孤行地将其中的所谓"甜品"，细化到西式甜品。

南京虽为古都，但作为中国屈指可数的大城市，异国风味并

甜蜜时光

不匮乏，提供西式甜品的餐厅也不难寻到。然而全国乃至世界连锁的餐厅，做出的甜品总带着千篇一律的流水线味道，毫无新意。街旁巷内的小而美也就自然而然地成了寻味的目标。

与Gossip的亲密接触

在小巷里初遇叽哩咕噜，被其名字吸引。简简单单的四字拟声词带着些许俏皮，恰到好处地迎合了女生的小清新口味。

墙上的小黑板，桌上插着绿植的玻璃瓶， DIY的蜘蛛网，甚至一大把花花绿绿的吸管，细细看来，都透露着自己独特的美好。

挑一角落落座，拿着菜单难以取舍，终究忍不住点了许多。

舌尖初体验

寻味许久，也算去过金陵城内大大小小很多甜品店，他家的味道却出乎意料的惊艳。所谓惊艳，说的并不只是有多美味，更多的是甜品的创新。

当勺子带着甜品与舌尖味蕾初次相遇，惊觉味道和想象中的居然完全不同。吃甜品的乐趣，除了享受可口与香甜，惊喜绝对也是不可或缺的一部分。

其貌不扬的重芝士不甜反咸；装在可爱瓶子里的彩虹布丁，光是看一眼就能让人喜欢到心坎；土豆色拉口碑极好，软糯香醇；来自滨海城市的我，自然格外钟情带着海洋气息的海洋慕斯，浓浓清新的海风气息，伴随醉人的甜腻。谁说南京没有海？这样蔚蓝的一杯，就是专属于自己的小小海洋。海洋的浪漫蓝色，雪白的贝壳巧克力，美貌与美味结合，哪个女孩不心动？

甜蜜——别是一番滋味在心头

大城市待久了，习惯了嘈杂和喧闹，习惯了车水马龙、人来人往，也习惯了在冰冷的钢筋水泥间穿梭。曾经为了梦想扎根于此，日复一日地忙碌、奋斗，甚至卷入世俗勾心斗角的漩涡，有时会忘记了自己的理想和初衷。

在这样一个温馨又似乎与世隔绝的小小天地，品尝着咖啡与糕点给予舌尖的美妙感受，忘却烦恼、忘却忧伤、忘却世俗的纷繁复杂。

店面不需多大，但求环境舒适。在角落静静地与友人聊天，慵懒地独自发呆。温馨而雅致，便别有一番滋味在心头。

芳香的美食总能挑逗味蕾，冬日的温暖也总是停留在曲径通幽处。佛说人生是苦，那就为生命加点香甜。

甜蜜时光

我的美食日记

我的美食日记